U0117841

数据库支持的
模糊 OWL 本体管理

吕艳辉　著

国防工业出版社

·北京·

图书在版编目(CIP)数据

数据库支持的模糊 OWL 本体管理／吕艳辉著．—北京:国防工业出版社,2011.5

ISBN 978-7-118-07451-2

Ⅰ.① 数… Ⅱ.① 吕… Ⅲ.① 数据库管理系统—研究 Ⅳ.①TP311.13

中国版本图书馆 CIP 数据核字(2011)第 075649 号

※

国防工业出版社出版发行

(北京市海淀区紫竹院南路23号　邮政编码100048)

天利华印刷装订有限公司印刷

新华书店经售

*

开本 850×1168　1/32　印张 4¾　字数 120 千字

2011 年 5 月第 1 版第 1 次印刷　印数 1—3000 册　定价 28.00 元

(本书如有印装错误,我社负责调换)

国防书店:(010)68428422　　发行邮购:(010)68414474

发行传真:(010)68411535　　发行业务:(010)68472764

前　言

　　语义 Web 是当前 Web 的扩展,它赋予 Web 资源信息机器可理解的语义,从而便于人和计算机之间的交互与协作。为了让机器能够理解 Web 资源信息并做推理,需要建立本体,并使用本体语言进行描述。语义 Web 本体语言的标准是 OWL,它建立在数据表示语言 RDF 和 RDFS(常合称为 RDF(S))之上,它们一起构成了当今语义 Web 的描述语言基础。

　　由于很多语义 Web 应用需要处理大量的模糊知识,而现有本体不能直接用于模糊知识的表示和处理,因此,对本体进行模糊扩展以满足模糊知识管理的需要逐渐成为一个研究热点,这一点与数据库技术为表示和处理现实世界中的模糊数据而产生模糊数据库模型的情况相一致。

　　作为 Web 时代模糊信息表示和处理的两个重要技术方法,模糊数据库模型和模糊本体之间存在着密切的关联关系。一方面,从构建的角度,模糊数据库模型可以作为构建模糊本体的数据源,使模糊本体充分利用现有的模糊数据库模型中的信息;另一方面,从存储的角度,利用模糊关系模型亦即模糊关系数据库在模糊数据存储和处理等方面的优势,能够对语义 Web 上的模糊信息进行有效的管理。事实上,模糊本体构建和存储是模糊本体管理中的两个重要问题。目前,有关模糊本体存储以及利用结构化模糊数据进行模糊本体构建的研究成果还很少。

　　为有效表示和处理大量的模糊知识、实现模糊语义 Web 本体的管理,本书在对语义 Web 数据层语言 RDF(S) 及本体层语言 OWL 模糊扩展的基础上,展开数据库支持的模糊 OWL 本体管理的研究,目标在于形成一个有关模糊 OWL 本体从表示到构建、存储的完整理论框架。本书第 1 章阐述了 OWL 本体模糊扩展以及数据库支持的模糊 OWL 本体构建与存储的研究背景和研究动机,分析了国内外相关工作的研究现状。第 2 章介绍了本书的背景知识,包括本体、本体的描述语言基础 RDF(S) 与 OWL、描述逻辑,以及模糊集理论和现实应用中模糊信息的分类和表示方法。第 3 章研究了语义 Web 数据层语言 RDF(S) 和本体层语言 OWL 的模糊扩展并给出了模糊 OWL 本体的形式化定义。第 4 章研究了利用模糊 EER 模型构建模糊 OWL 本体的方法。第 5 章研究了利用模糊关系数据库构建模糊 OWL 本体的方法。第 6 章研究了模糊 OWL 本体的数据库存储方法。第 7 章对本书所做的工作进行了总结,并对后续研究工作进行了展望。

　　本书在参考国内外有关文献的基础上,结合作者的科研成果,系统地研究了数据库支持的模糊 OWL 本体管理中的关键技术。本书内容深入浅出,全面地展示了国内外大量最新的科学研究内容和发展动向,具有一定的前瞻性和学术参考价值。

　　在本书的撰写过程中,得到了东北大学博士生导师马宗民教授点石成金的指导,值此书出版之际表示衷心的感谢。此外,感谢沈阳理工大学信息科学与工程学院的领导对作者研究工作的支持和鼓励。最后,感谢国防工业出版社有关工作人员的帮助。

　　由于作者水平所限,加之本书所涉及的内容仍处于不断的发展和变化之中,书中错误和不足之处在所难免,恳请专家、读者批评指正。

作　者

目　　录

第1章 绪 论

1.1 研究背景

万维网(World Wide Web)的诞生从根本上改变了人类存储和交换信息的方式,并已影响到人类生活和生产活动的各个方面。同时,万维网的发展也使网络上的信息资源爆炸性地增长,但由于缺乏自动处理网络中海量信息的技术,用户越来越难以有效地检索这些信息。提高 Web 信息检索的质量包括两方面内容:一方面是如何在现有的资源上设计更好的检索技术;另一方面是如何为 Web 上的资源附加上计算机可以理解的内容,便于计算机更好地处理。针对后一种情况,万维网之父 Tim Berners-Lee 于 1998 年首次提出语义 Web(Semantic Web)的概念,并在 2000 年 12 月召开的 XML 2000 会议上发布了语义 Web 体系结构,进一步明确阐述语义 Web 的设想。

语义 Web 广泛吸取人工智能、信息论、哲学、逻辑和计算理论等学科的研究成果,并非是全新的 Web,而是对现有万维网的扩展。语义 Web 的目标是让网络上的信息能够被机器理解,从而实现网络信息的自动处理,以利于人机间的合作与交互,并在此基础上实现各种智能化的应用。

基于上述目标,语义 Web 的架构是一个功能逐层增强的层次化结构,如图 1-1 所示。第一层为统一字符编码 Unicode 和统一资源标识符 URI(Uniform Resource Identifier),为 Web 上定义字符和资源提供标准方法。第二层包括可扩展性标识语言 XML(Extensible Markup Language)、XML Schema 以及 XML 命名空间(Name Space,NS)。这两层给出了当前 Web 的基本要素,是语义

1

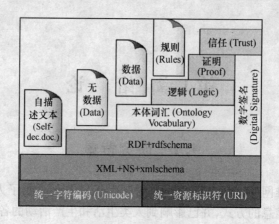

图 1-1 语义 Web 架构

Web 的语法基础,常称之为语义 Web 的文法层。

尽管 XML 规范了 Web 上的数据表示和数据交互,并已被工业界广泛接受,但其存在着公认的缺陷,即 XML 只能定义语法格式,而不能表达形式化语义,这样,不足以用来描述 Web 资源。因此,W3C(World Wide Web Consortium)于 2004 年 2 月发布了一种新的语言,即资源描述框架(Resource Description Framework,RDF)。RDF 用于描述网络上各种资源的信息,它基于 XML 的语法形式,RDF 语义(RDF Semantics)则是通过模型论(Model Theory)方法对 RDF 赋予形式化语义。但是这种说明性的语言没有提供机制来描述属性或属性与其他资源之间的关系,因此需要定义描述中使用的词汇,这就是 RDF 的词汇描述语言,即 RDF Schema(RDFS)。RDF 和 RDFS(常合称为 RDF(S))提供了统一的、形式化的数据表示语言来描述 Web 上资源的含义,二者一起构成了语义 Web 的数据层,即语义 Web 体系结构的第三层。

第四层是语义 Web 体系结构的核心层,即本体层,它借鉴了人工智能领域对知识表示的研究,特别是描述逻辑,引入了更加丰富的表达能力,例如,属性取值约束、基数约束、属性的对称性和传递性等。本体(Ontology)是显式的概念化规范,具有共享性,常用于描述共同认可的结构化知识。语义 Web 需要形式化规范地说明概念模型,因此,本体适合语义 Web 上的知识表示与推理。语义 Web 本体语言的标准是 OWL(Web Ontology Language),OWL 定义了 RDF(S)描述中使用的词汇的语义,便于 RDF(S)对元数据的处理,是计算机理解 Web 资源的基础。本体支持语义级的数据交换,而不仅仅是语法级,是语义 Web 的核心,具有重要的研究价值。

本体层的上方是逻辑层,目的是用更丰富的逻辑语言表达 Web 上的资源。证明层和信任层偏向于应用,而不仅仅是一种语言层次。从本体层以上,对资源的描述和推理都需要一种通过数字签名实现的信任机制,以保证数据的真实性。目前,这些工作尚未形成标准。

本体的研究对于语义 Web 的实现具有重要意义。语义 Web 中的信息以结构化形式表示,需要用本体来描述其中的语义,即对现有的 Web 信息进行标注。当信息用本体标注后,其内容就成为机器可识别和处理的数据,软件代理就能够理解其含义,进而自动完成互联网上的信息收集和集成,所以,本体是使 Web 具有语义的关键技术,语义 Web 的实现很大程度上依赖于本体的建立。一个典型的本体有一个层次分类,定义了类、类之间的关系以及具有推理能力的一组推理规则。近年来,越来越多的研究致力于本体构建,同时创建的本体也被广泛地应用到不同领域,如信息检索、机器翻译、知识管理、电子商务和信息集成等。

随着本体在各类信息系统中的大量应用,将本体的语义与关系数据库的语义进行关联逐渐成为数据库和语义 Web 领域的一个研究分支,主要包括从关系数据库中提取本体、本体在关系数据库中的存储、关系数据库到给定本体的映射以及基于本体的关系数据库的整合等方面,其中前两个方面涵盖了本体管理中两个主要的任务,即本体的构建与存储。

但是,随着本体应用的不断拓展与深入,人们逐渐意识到本体存在着一些不足,其中之一就是不支持不精确和不确定信息的表

3

示与处理。而在很多应用领域中,信息通常是不精确或不确定的,需要处理一些没有明确外延界限的模糊概念,如好、坏、年轻、年老等。这些模糊概念和人类、动物、男性等明确概念有明显的区别,此外也存在一些模糊关系,如"朋友"、"喜欢"等,它们都可以具有程度上的区别。事实上,现实世界中存在着大量不精确和不确定的知识与信息,这些与模糊概念和模糊关系相关的知识称为模糊知识。

描述模糊知识最常用的工具是模糊集合理论。模糊集合理论自提出以来,几乎对所有的传统数学分支都进行了扩展,其应用遍及各个领域。而在计算机科学领域,模糊扩展工作主要集中在数据库方面,形成模糊数据库模型,根据模型应用的不同目的,可以将模糊数据库模型划分为两类,一类是模糊概念模型,其中以模糊 ER/EER 模型为代表;另一类是模糊数据模型,其中以模糊关系模型为代表,这两类模糊模型分别属于两个不同层次。

近年来,随着语义 Web 的发展和本体应用的不断深入,为克服本体在模糊知识表示和处理方面存在的不足,模糊集合理论用于语义 Web 描述语言以及本体的模糊扩展逐渐成为一个研究热点,同时,有大量研究致力于模糊本体的构建。作为 Web 时代模糊数据表示和处理的两个重要技术方法,模糊数据库模型和模糊本体之间存在着密切的关联关系,本书在对语义 Web 描述语言模糊扩展的基础上,着重研究模糊数据库模型支持的模糊本体管理中的关键技术。

将模糊数据库模型引入模糊本体的研究鉴于两方面的需求:一方面,从构建的角度,模糊数据库模型可以作为构建模糊本体的数据源,使模糊本体充分利用现有的模糊数据库模型中的信息,丰富模糊本体的知识表达能力,并将模糊数据库模型中的信息通过模糊本体在 Web 上发布以实现共享;另一方面,从存储的角度,为更好地管理和使用模糊本体,模糊本体需要合理、有效地存储起来。利用模糊关系数据库在模糊数据存储和处理等方面的优势,能够实现对语义 Web 上的模糊信息的更好管理。事实上,模糊本体的构建与存储是模糊本体管理中的两个主要问题,因此,将模糊数据库模型引入到模糊本体的研究中是一个很有意义的研究课题。

1.2 国内外相关研究的现状与分析

鉴于本体的构建与存储方法还远没有成为一种工程性的活动,在介绍模糊本体相关研究工作之前,首先介绍基于关系数据库的本体构建与存储方法的研究工作。

1.2.1 基于关系数据库的本体研究

基于关系数据库的本体研究是数据库和语义 Web 研究领域的一个研究分支,从广义上讲,可以分为两大类,即从关系数据库中提取本体以及将本体存储在关系数据库中,这两类分别基于本体的构建和本体的存储两方面内容,是本体管理中两大关键技术。

本体的构建方法几乎都从具体的本体建设项目中产生,因为领域各自特点不同,所以构建本体的方法也不相同,目前还没有出现成熟的统一标准支持本体建议。本体的构建方法主要支持的是手工构建方式。手工构建方式能够全面地创建特定领域的本体,但需要领域专家的参与,人力、物力资源花费较多,使得本体的构建成为一项艰巨的任务。因此,利用相关技术自动或半自动地从现有数据资源获取期望的本体是构建本体的有效途径。

近几年来,利用关系数据库这种结构化数据源构建语义 Web 本体的技术得到了广泛的研究,主要集中在对关系模式进行语义分析,获取构建本体所需的概念和关系。

文献[29 - 35]主要通过给出关系数据库模式到 OWL 本体的转换规则来创建本体。文献[29 - 31]通过分析关系模式和实例数据,提取关系数据库的语义,进而构建本体。文献[32 - 34]通过分析关系模式的主键、属性、引用关系和完整性约束等信息,给出了一组从关系数据库模式到 OWL 本体的通用转换规则,并利用关系数据库中的部分数据来建立本体,形成对信息的集成和分类。文献[35]提出了一种从关系数据库向本体转换的方法,并以 FLogic 作为描述语言对本体进行了描述。

文献[36,37]主要借助中间表现形式将关系数据库模式转换成本体。文献[36]由 WonderWeb 项目组开发,是原型工具 Onto-LiFT(集成到 KAON Work Bench)的一部分。它利用 F – 谓词逻辑和公理作为中间表现形式,旨在从源数据(即 XML Schema 或关系模式)中提取轻量级本体,它的不足之处在于只能提取出轻量级本体。文献[37]定义了一种从关系数据库提取本体的框架和一种描述本体的语言,利用数据库数据的概念视图描述数据模式与本体之间的语义映射,进而生成本体。

文献[38 – 40]主要建立了本体的结构而没有考虑本体实例的生成。文献[38]定义了从关系数据库生成 OWL 本体的算法,但是不产生本体实例,而是通过 R2O 文档将本体查询转换为 SQL 查询,从而获取对应的数据实例。文献[39,40]是一种半自动化本体提取方法,该方法假设关系模式符合 3NF,在此基础上提供了若干规则,分别用于获取目标 OWL 本体的类、属性、概念/属性的层次、基数和实例。该方法可以半自动化地生成本体及其实例,在生成本体时并不利用数据实例所提供的知识。

此外,还有一些研究将 ER 模型或扩展的 ER 模型转换为 OWL 本体。文献[41,42]提出一种由 ER CASE 工具建立的 ER 模式转换为 OWL 本体的自动方法。该方法还提供了从 OWL 抽象语法到交互语法的自动转化工具,使得生成的本体可直接在 Web 上发布。文献[43]提出从扩展的 ER 模型提取本体的算法并实现了相应的原型系统 Eronto,该算法中对扩展 ER 模型中实体、属性、二元联系、多元联系、单继承、多继承等情况的 OWL 表示方法进行了定义,其中使用了 OWL Full 的特性。

以上方法的主要目的都是利用关系数据库提取本体,即给定一个关系数据库,根据一定转换规则及算法,构建相应的本体。这不同于关系数据库到本体的映射,后者是假定关系数据库和本体已经存在,在关系数据库和本体之间建立一组语义映射关系,例如文献[44-48]所涉及到的研究内容。

近几年来,随着语义 Web 的发展,有大量研究致力于本体的构建,并取得了一定的研究成果,但是若将本体应用到实际系统中,必须选择合适的方法将之存储起来,同时,本体的有效存储是对本体进行管理和使用的前提,所以本体有存储的需求。本体的存储方法主要分为基于纯文本存储和基于关系数据库存储。基于纯文本存储方法是将本体库以文件形式存储在本地文件系统中,这种存储形式的缺点在于不适合较大规模的本体库,因为它每次都需要读入内存操作,受到内存大小的限制。对于本体海量数据的存储和管理,利用关系数据库是一种较好的选择。关系数据库技术相对成熟,本体数据和传统的结构化数据可以共存,适合大规模本体数据的存储,并且易管理、便于查找。与利用关系数据库构建本体的研究工作相比,基于关系数据库的本体存储方法的研究相对较少。

文献[49-52]主要通过给出本体到关系数据库的语义映射关系,实现本体的存储。文献[49]提出一种将 OWL 文档映射到关系数据库的算法,旨在利用关系数据库来存储和查询 Web 上大量的数据,通过比较查询性能证明了该方法的有效性。文献[50,51]在分析了 OWL 本体和关系数据库模式之间概念对应的基础上,针对本体的类、对象属性、数据类型属性以及限制分别给出了本体在关系数据库中存储的算法,并以 Wine 本体为例描述了算法的执行过程。文献[52]首先分析了本体到关系数据库模式的转换在理论上的可行性,进而给出了 OWL 本体和关系数据库模式的形式化定义,定义了将 OWL 本体存储到关系数据库的转换规则,并基于 J2SE 平台对本体存储算法进行了实现。

文献[53,54]主要通过分析本体现有存储模式的不足,提出改进的本体存储模式。文献[53]提出一个用于本体存储和推理的系统 Minerva,采用 WSML-DL 语言完成了主要的描述逻辑推理任务,在分析利用关系数据库存储本体的优势后,给出了本体在关系数据库中的存储模式。文献[54]通过对现有本体存储模式的分析,给出了本体存储模式的设计原则,并基于该原则提出了基于关系数据库的本体存储模式。

上述方法能够按照一定策略将本体组织在关系数据库中,但也存在一些不足,表现在:主要通过在本体与数据模式之间建立映射关系,来给出本体存储模式,而较少考虑本体实例的存储以及语义是否保持问题。

1.2.2 模糊关系数据库的研究

关系数据库系统是目前使用最为广泛的数据库系统之一,它以二值逻辑和严密的数学理论为基础,擅长表示精确的、有良好结构的数据,但对于现实世界中大量存在的模糊信息,却不易用传统方式表达,解决的方法是利用模糊集合理论扩展关系数据库,形成模糊关系数据库系统。

国际上对模糊关系数据库的研究始于 20 世纪 80 年代初期,旨在克服传统数据库难以表达和处理模糊信息的弱点,进而扩展关系数据库的功能,开拓更新、更广的应用领域。20 多年来,取得了丰硕的理论研究成果。基于关系数据库的模糊扩展主要从三个方向上进行,即模糊数据表示与数据模型、模糊查询和模糊数据依赖与规范化理论。

模糊数据表示所要解决的问题是在传统的关系模型的哪些方面引入模糊性,从而使得现实世界中的某些不确定或不精确信息在数据库中得到反映。相应地,有两种主要的模糊关系数据库模型。第一种模糊关系数据库模型基于模糊关系和类似关系(或接近关系),第二种模糊关系数据库模型基于可能性分布,它又可以进一步分成两类:元组与隶属度相关联、属性值由可能性分布表示。基于上面提到的基本模糊关系数据库模型,还有几种扩展的模糊关系数据库模型。例如,可以把上述两种基于可能性分布的模糊关系数据库模型结合到一起,也可以把可能性分布同类似关系(或接近关系)结合到一起。

应当指出的是,文献中根据模糊数据的表示形式已经提出多种模糊关系数据库模型,但是模糊关系数据库中的模糊性从表现形式上来看,只有两种形式,即属性值上的模糊性和元组上的模糊性。

模糊查询是指查询标准或查询条件具有模糊性,而数据库本身是传统(非模糊)数据库,此类查询的性质是为传统关系数据库提供柔性查询的方式。经典关系数据库中缺少柔性查询,所给定的查询条件和数据库的内容都是精确的。对于经典关系数据库上的模糊查询,一个需要解决的关键问题是如何把模糊查询条件转化成语义相近的精确查询条件,从而依托现有的关系数据库技术实现经典关系数据库的模糊查询。有关模糊关系数据库查询的研究,其内容涉及模糊查询处理方法、模糊查询语言等方面。

模糊数据依赖与规范化理论关注的是模糊关系数据库的设计,旨在获得合理的数据库模式,进而避免可能出现的数据冗余和修改异常。其中主要的工作集中在数据依赖方面的研究,包括模糊函数依赖和模糊多值依赖。模糊函数依赖的研究工作主要有模糊函数依赖的公理化系统和无损连接与分解,对后者的研究构成了模糊关系数据库规范化理论研究的基础。模糊多值依赖的研究主要包括文献[68,69]等。

除了关系数据库的模糊扩展外,还有一些研究工作是针对其他数据库模型进行的模糊扩展,其中以 ER 模型为代表。最先把模糊逻辑引入到 ER 模型的是该模型的创始人 Peter Chen 所在的研究组,该研究组提出了模糊 ER 模型。在此基础上,进一步扩展了传统的 ER 代数,引出了相应模糊 ER 代数的概念。其他对 ER 模型进行模糊扩展的研究工作,还有文献[71-73]等。

模糊 ER 模型的提出开辟了模糊概念数据建模一个新的研究领域,特别是文献[70]的工作奠定了模糊概念数据建模基础,其后这方面的研究深受该文献研究工作的影响。但是应当指出的是,由于 ER 模型自身表达能力的限制,模糊 ER 模型不能表达含模糊信息的复杂对象和复杂语义关系。因此,为了表达更多的语义,近年来又相继提出了扩展 ER(EER)模型的模糊形式。与模糊 ER 模型相比,模糊 EER 模型中的实体、关系和属性基本上沿用了模糊 ER 模型中的相应形式,扩展的重点放在了概化/特化、范畴以及约束等概念的模糊化上。

值得提出的是,我国的何新贵研究员和他领导的研究小组在模糊数据库研究方面做出了突出贡献,他们从 1985 年开始研究模糊数据库,多年来不仅在模糊数据库理论和实践方面做了大量的工作,而且把模糊方法推广到知识库和逻辑推理等领域,并取得了一定的成果。随着模糊数据库研究的深入和应用的推广,模糊数据库技术必将成为处理现实世界中不完全信息、不确定信息和模糊信息的强有力工具。

1. 2. 3　模糊本体的研究

语义 Web 的发展及本体应用领域的不断拓宽,对本体的数据表示与数据处理提出了更高的要求,使得经典的本体显现出局限性和不足,其中最重要的一个方面就是不能表示和处理现实世界中广泛存在的不精确、不确定数据。因此,扩展经典本体来表示不精确或模糊的数据已成为语义 Web 领域一个重要的研究方向。

本体可以使用不同的本体描述语言来描述,本体的知识表达能力与其采用的描述语言直接相关,为有效表示和处理大量的模糊知识,本体需要具备能够表示和处理模糊知识的语言基础。目前,面向语义 Web 的本体描述语言主要有 OIL、DAML + OIL 和 OWL 等,其中,OWL 是 W3C 关于本体描述语言的最新推荐标准。按照表达能力由强到弱,OWL 有三种子语言:OWL Full、OWL DL 和 OWL Lite。上述本体语言以及作为它们语言基础的 RDF(S)描述语言只能表示和处理精确的知识,不能对模糊和不精确知识进行表示和处理。尤其是 OWL 语言在这方面的局限性,已经严重制约了它在实际中的应用。SWBPD 已经制定了一项课题致力于解决 OWL 表达能力中存在的问题。

为了使语义 Web 能够表示和处理模糊信息,文献[80-88]主要对语义 Web 的描述语言进行了模糊扩展。文献[80,81]通过对 RDF 三元组"主体、谓词、客体"添加一个"value"而扩展为形如"主体、谓词、客体、value"的四元组,其中"value"表示三元组的模糊真值。文献[82]从模糊逻辑的角度研究了 RDF 的模糊谓词的表示,但没有给出相应的语法和语义。文献[83,84]在模糊描述逻辑的基础上构建了模糊算子和公理,用来表达本体中的模糊概念及声明,提出了 OWL 到模糊算子的转换规则,统一了模糊本体中确定知识的表示方法。文献[85,86]基于模糊描述逻辑扩展了本体语言 OWL DL,给出了形式化的语法和语义,并通过实例说明了其扩展在表达能力上的灵活性。文献[87,88]研究了模糊 OWL 的抽象语法和语义,并给出了从模糊 OWL 本体到 f – SHOIN 知识库的转换方法。上述几种扩展,虽然不同程度地丰富了本体描述语言在模糊信息方面的表达能力,但都不支持模糊数据类型的表示与处理,这样只能处理抽象的模糊知识,并不能处理具体的模糊数据信息。

同时,作为语义 Web 关键技术的本体的模糊扩展研究,也受到国内外研究者们的广泛关注。目前已经提出了多种不同的本体模糊扩展方法及模糊本体的构建方法。

文献[89 – 92]主要研究对现有本体进行模糊扩展。文献[89,90]对描述逻辑以及 OWL 进行了模糊扩展,在此基础上,介绍了在 KAON 项目中如何扩展本体定义使之具有模糊性。文献[91]基于模糊集合理论与图论提出模糊本体映射 FOM,旨在对已有经典本体进行模糊扩展。文献[92]首先定义了模糊描述逻辑 ef – SHIN 的语法和语义,在此基础上,提出了一个模糊本体的构建框架。

文献[21,23,93 – 98]主要研究基于文本数据的模糊本体的构建方法。文献[23,93]提出了一个模糊本体生成框架 FOGA,包括模糊概念分析、概念层次构建及模糊本体生成。该框架以文本数据为数据源,也就是以文本数据作为形式概念分析的基础,通过模糊聚类技术对概念分类,形成层次结构,进而生成模糊本体。并以描述学术领域的文本数据为例,介绍了模糊学术本体的构建过程。文献[94,95]建立了一个用于新闻综述的模糊本体,该本体以大量的新闻事件为数据源,根据新闻语料库,利用文件预处理机制产生有意义的术语,并对这些术语进行分类,然后为每个模糊术语赋予相应的隶属度函数,进而生成模糊本体,并介绍了基于模糊本体的新闻代理的基本原理。文献[96,97]以 Web 上的文本文档为数据源提出一个模糊本体框架,将概念描述符存储在 < 属性,值,限定符,限制 > 结构中,其中"值"和"限定符 qualifier"定义为模糊集,此外"子类/超类关系(IS – A)"和"部分/整体关系(HAS-PART)"等关系也可以具有模糊性。文献[21,98]首先分析了模糊逻辑、模糊本体与语义 Web 三者之间的联系,然后定义了模糊本体的结构,在此基础上进一步定义了描述模糊本体结构的词汇以及模糊知识库,并以艺术本体为例,介绍了模糊本体结构、词汇以及模糊知识库的构建过程。

此外,文献[99]研究了含有模糊数据类型的本体在关系数据库中的存储。首先对模糊关系数据库中的模糊数据类型进行了分类,建立了数据类型的层次结构,然后给出了 OWL 本体的主要构造子在关系数据库中的存储模式。该方法的局限性在于只对本体的结构进行了存储而没有考虑到本体实例的存储。

尽管上述模糊本体对模糊知识的表达和处理提供了很强的支持,并且在一些具体领域中得以应用,但是仍存在一些问题有待解决。在表达能力方面,现有本体的模糊扩展仅能表示和处理抽象模糊知识,并不能处理现实应用中大量存在的模糊数据类型信息。此外,在模糊本体构建方面,现有模糊本体的构建主要基于文本数据,支持的是手工构建方式,而研究利用结构化模糊数据构建模糊本体的文献非常少。

通过对模糊本体研究现状的分析可以发现,该领域最近几年虽然吸引了一批学者投入研究工作,并在各类期刊及会议上发表了一些有价值的研究文章,但整体来讲,研究成果还很不足、很零散。目前模糊本体的研究主要集中在对现有本体进行模糊扩展和基于文本数据的模糊本体构建两个方向,而有关模糊本体存储以及利用结构化模糊数据构建模糊本体的研究成果还很少。

1.3 本书工作

目前,模糊本体技术还是一个比较新的研究课题,研究成果非常少且离散。鉴于这样的研究现状,本书的研究工作将围绕着模糊 OWL 本体深入展开,目标在于形成一个有关模糊 OWL 本体从表示到构建、存储的完整理论框架。本书将从语义 Web 体系的数据层语言 RDF(S)、本体层语言 OWL 的模糊扩展入手,通过引入模糊数据库模型,研究模糊数据库模型支持的模糊 OWL 本体管理中的构建与存储技术。

1.3.1 研究内容

根据上述研究现状,本书主要进行了以下几个方面的研究工作:

(1) 提出模糊 RDF(S)(f - RDF(S))和模糊 OWL(f - OWL)。语义 Web 对知识的表示和处理能力直接依赖于数据层语言和本体层语言对知识的表示和处理能力,为有效表示和处理大量的模糊知识,语义 Web 需要具备能够表示和处理模糊知识的语言基础,鉴于此,展开对数据层语言 RDF(S)和本体层语言 OWL 模糊扩展的研究。具体研究内容为:首先,基于 RDF 数据类型机制,对 RDF 数据类型进行模糊扩展,给出模糊数据类型的表示方法,这种方法能够解决模糊数据类型信息的表示和处理问题;进而,提出模糊 RDF(S)(f - RDF(S)),并给出 f - RDF(S)语义;其次,基于 f - RDF(S),对 OWL 进行模糊扩展,提出模糊 OWL(f - OWL),并给出 f - OWL 的语法和语义;最后,给出了模糊 OWL 本体的形式化定义。

(2) 提出基于模糊 EER 模型的模糊 OWL 本体的构建方法。针对手工构建模糊 OWL 本体的不足,提出利用模糊概念模型构建模糊 OWL 本体,并以模糊 EER 模型为数据源,展开模糊 OWL 本体构建方法的研究。具体研究内容为:首先,给出模糊 EER 模型的形式化定义,通过从模糊描述逻辑角度分析模糊 EER 模型与模糊 OWL 本体的关系,指出基于模糊 EER 模型构建模糊 OWL 本体具有可行性;其次,给出基于模糊 EER 模型构建模糊 OWL 本体的主要步骤,提出模糊 EER 模型到模糊 OWL 本体的转换规则和算法,结合一个实例进一步说明了转换规则和算法的具体应用,并以抽象语法形式描述了生成的模糊 OWL 本体。

(3) 提出基于模糊关系数据库的模糊 OWL 本体的构建方法。模糊关系数据库中包含了大量的模糊数据,能够为模糊 OWL 本体实例的创建提供数据源,丰富模糊 OWL 本体知识的表达。鉴于此,以模糊关系数据库为数据源,展开模糊 OWL 本体构建方法的研究。首先,给出了模糊关系数据库的形式化定义,通过从模糊描述逻辑角度分析模糊关系数据库与模糊 OWL 本体之间的关系,指出基于模糊关系数据库构建模糊 OWL 本体具有可行性;其次,给出基于模糊关系数据库构建模糊 OWL 本体的步骤,提出模糊关系数据库到模糊 OWL 本体的转换规则和算法,以及利用模糊关系数据库中的数据构建模糊 OWL 本体实例的方法;最后,证明了基于模糊关系数据库的模糊 OWL 本体构建方法的正确性。

(4) 提出基于模糊关系数据库的模糊 OWL 本体的存储方法。为了更好地管理和使用模糊 OWL 本体,模糊 OWL 本体需要有效的存储。鉴于模糊关系数据库在模糊数据表示与处理方面的优势,展开以模糊关系数据库为基础的模糊 OWL 本体存储方法的研究。具体研究内容为:首先,通过分析现有本体的存储方法,指出模糊 OWL 本体的存储模式应该满足的要求,进而提出基于模糊关系数据库的模糊 OWL 本体的存储模式;其次,给出模糊 OWL 本体结构和不同类型的模糊数据在模糊关系数据库中的存储方法,实现了模糊 OWL 本体在模糊关系数据库中合理、有效的存储;最后,证明了基于模糊关系数据库的模糊 OWL 本体存储方法的正确性。

1.3.2 本书的组织结构

根据上述研究内容,本书分为7章,具体内容包括:

第1章 绪论

本章主要阐述了 OWL 本体模糊扩展以及数据库支持的模糊 OWL 本体构建与存储的研究背景和研究动机,分析了国内外相关工作的研究现状,在此基础上,给出了本书所做的主要工作和本书的结构安排。

第2章 相关理论基础

本章介绍了本书的背景知识。首先,介绍了本体、本体的描述语言基础 RDF(S)、OWL 及描述逻辑等概念。其次,介绍了模糊集理论的形式化定义、相关基本概念。最后介绍了现实应用中模糊信息的分类和表示方法。本章所展示的内容为后续各章节的研究提供了理论基础。

第3章 语义 Web 数据层和本体层语言的模糊扩展

本章主要研究了语义 Web 数据层语言 RDF(S) 和本体层语言 OWL 的模糊扩展。首先利用 RDF 的数据类型机制对 RDF 数据类型进行了模糊扩展,提出模糊 RDF(S)(f – RDF(S))。其次,对 OWL 进行模糊扩展,提出模糊 OWL(f – OWL)。最后给出了模糊 OWL 本体的形式化定义。

第4章 基于模糊 EER 模型的模糊 OWL 本体的构建

本章主要研究了利用模糊 EER 模型构建模糊 OWL 本体的方法。通过给出模糊 EER 模型的形式化定义,提出基于模糊 EER 模型构建模糊 OWL 本体的步骤和方法。最后,以抽象语法形式描述了生成的模糊 OWL 本体。

第5章 基于模糊关系数据库的模糊 OWL 本体的构建

本章主要研究了利用模糊关系数据库构建模糊 OWL 本体的方法。通过给出模糊关系数据库的形式化定义,提出基于模糊关系数据库构建模糊 OWL 本体的步骤和方法。最后,证明了基于模糊关系数据库的模糊 OWL 本体构建方法的正确性。

第 6 章　模糊 OWL 本体的数据库存储

本章主要研究了利用模糊关系数据库存储模糊 OWL 本体的方法。首先提出了模糊 OWL 本体的存储模式。其次，给出了模糊 OWL 本体结构和不同类型的模糊数据在模糊关系数据库中的存储方法。最后，证明了模糊 OWL 本体存储方法的正确性。

第 7 章　总结与展望

本章对本书所做的工作进行了总结，并对后续研究工作进行了展望。

第2章　相关理论基础

本章首先介绍了本体、资源描述框架(RDF)、RDF 词汇(RDFS)、语义 Web 本体语言 OWL 及描述逻辑等概念;其次,介绍了模糊集合理论的基本原理;最后介绍了模糊信息的分类、语义和表示方法。本章所展示的内容为后续各章节的研究提供了理论基础。

2.1　本体和描述逻辑

本体通过获取、描述和表示相关领域的知识,提供对该领域知识的共同理解。本体支持语义级的信息交换,而不仅仅是语法级,是使 Web 具有语义的关键技术,具有重要的研究价值。

2.1.1　本体

本体的概念最早起源于哲学研究,从哲学的范畴来讲,本体是对客观存在的系统描述,关心的是客观现实的抽象本质。本体从哲学领域发展到计算机领域与人工智能领域的发展和信息技术的进步密不可分,在计算机界最著名并被广泛引用的定义是由 Studer 提出的"本体是共享概念模型的明确的形式化规范说明"。这个定义体现了 4 层含义:概念模型、明确、形式化和共享。

"概念模型"是指通过抽象出客观世界中一些现象的相关概念而得到的模型,概念模型所蕴涵的语义结构可以表达为一组概念的定义和相互关系。

"明确"是指使用的概念及使用这些概念的约束都有明确的定义。

"形式化"是指本体是计算机可读的,即能被计算机处理。

"共享"是指本体中体现的是共同认可的知识,反映的是相关领域中公认的概念集,即本体针对的是社会范畴而非个体之间的共识。

本体提供结构化语言明确定义不同概念和概念间相互关系,是领域内部不同主体(包括人、机器或软件系统等)之间进行交流的语义基础。语义 Web 要想实现信息在知识级的共享和语义上的互操作,需要不同主体间有一个语义上的共同理解,于是,本体自然地成为指导语义 Web 发展的理论基础。

就现有的各种本体而言,无论其在表达上采用的是何种语言,在结构上都具有很多的相似性,其实质是边带标记的有向图。本体的 5 个基本构成元素包括概念(类)、关系、函数、公理和实例。

(1)概念(类):其含义非常广泛,可以指任何事务,本体中的这些概念通常构成一个分类层次。

(2)关系:代表了在领域中概念之间的交互作用,形式上定义为 n 维笛卡儿乘积的子集: $R:C_1 \times C_2 \times \cdots \times C_n$,如子类关系(subClassOf)。

(3)函数:是一类特殊的关系。在这种关系中,前 $n-1$ 个元素可以唯一决定第 n 个元素,其形式化的定义可以表示为: $f:C_1 \times C_2 \times \cdots \times C_{n-1} \rightarrow C_n$。例如 MotherOf 关系就是一个函数,其中 MotherOf (x,y) 表示 y 是 x 的母亲,显然,x 可以唯一确定他的母亲 y。

(4)公理:代表永真断言,是定义在概念和属性上的限定和规则,如概念乙属于概念甲的范围。

(5)实例:是指属于某概念类的基本元素,即某概念类所指的具体实体。

从语义上分析,实例表示的就是对象,而概念表示的则是对象的集合,关系对应于对象元组的集合。概念间的关系可以分为两大类:分类关系和非分类关系,包括 4 种类型:part-of、kind-of、instance-of、attribute-of。part-of 表达概念之间部分与整体的关系;

kind-of 表达概念之间的继承关系,类似于面向对象中的子类和父类之间的关系;instance-of 表达概念的实例和概念之间的关系;attribute-of 表达某个概念是另外一个概念的属性。

在实际应用中,不一定要严格地按照上述 5 类元素来构造本体,同时概念之间的关系也不仅限于上面列出的 4 种基本关系,可以根据特定领域的具体情况定义相应的关系,以满足应用的需要。

很多研究人员从实践出发,提出不少有益于构建本体的标准,其中最有影响的是 Gruber 提出的 5 条准则,包括:

(1) 清晰性、明确性和客观性:即本体应该用自然语言对所定义的术语给出明确的、客观的语义定义,有效地说明所定义术语的含义。而且,当定义可以用逻辑公理表达时,它应该是形式化的。

(2) 完全性:即所给出的定义是完整的,完全能表达所描述术语的含义。

(3) 一致性:即由术语得出的推论与术语本身的含义是相容的,支持与其定义相一致的推理,不会产生矛盾。

(4) 最大单调可扩展性:即向本体中添加通用或专用的术语时,不需要修改其已有的概念定义和内容,支持在已有的概念基础上定义新术语。

(5) 最小承诺和最小编码偏好:所谓最小承诺,即本体约定应该最小,对待建模对象应给出尽可能少的约束。对于编码偏好应该是最小化的,因为不同的知识系统可能采用不同的表示方法或表示风格。

当前对构造本体的方法和方法的性能评估还没有一个统一的标准,因此,还是一个需要进一步研究的方向。

本体的研究和开发是在不同的层次上进行,根据本体的研究层次,可分为如下 4 类本体,其中研究比较多的是领域本体和应用本体。

(1) 顶层本体:主要研究非常通用的概念,如空间、时间、事物、行为等,完全独立于特定的问题或领域。

(2) 领域本体:研究与一个特定领域相关的概念、术语或词汇,如医学、企业模拟等。

（3）任务本体:定义通用任务或推理活动,如诊断等。任务本体和领域本体处于同一个研究和开发层次。它们都可以应用顶层本体中定义的词汇来描述自己的词汇。

（4）应用本体:描述特定的应用,它既可以应用特定的领域本体中的概念,又可以引用出现在任务本体中的概念。

本体在语义 Web 中的研究和应用主要包括如下几个方面:

（1）元数据和本体形式语言的研究。通过标记语言(如 RDF、RDFS、DAML 和 OWL 等)形式化表达领域的元数据和本体。

（2）基于逻辑的断言机制的研究。根据本体的规则和公理以及本体内部概念关系的逻辑表达进行推理,得出正确的事实和知识。

（3）查询语言的研究。定义满足基于本体形式化模型的语义查询语言。

（4）本体管理及互操作的研究。着重研究本体管理中的构建与存储技术,以及不同本体之间共享和互操作的实现机制。

（5）智能主体的研究。基于语义的智能主体将根据语义和逻辑动态地装配用户所需的数据并提供对用户透明的服务机制。

2.1.2　RDF(S)和 OWL

RDF 和 RDFS(常合称为 RDF(S))作为 W3C 标准,提供了统一的、形式化的数据表示语言来描述 Web 上资源的含义。OWL 建立在 RDF(S)之上,定义了 RDF(S)描述中使用的词汇的语义,便于 RDF(S)对元数据的处理,是计算机理解 Web 资源的基础。下面分别介绍 RDF(S)和 OWL。

2.1.2.1　RDF(S)

RDF(Resource Description Framework)是一种用来描述 Web 上资源的语言,它专门用于表达 Web 资源的元数据,比如 Web 页面的标题、作者和修改时间等。此外,RDF 还能够用于表达任何可在 Web 上标识的事物的信息,即使有时它们并不能直接从 Web 上获取。RDF 基于 XML 的语法形式,RDF 语义(RDF Semantics)是通过模型论方法对 RDF 赋予形式化语义。

RDF 的基本思想是:使用 URI 引用(URI references,简写为 URIref)来标识事物(URI 引用是在 URI 基础上,附加了一个由符号"#"分隔的片段识别符(Fragment Identifier)),用简单的属性(Property)及属性值来描述资源。在 RDF 中,所有的事物都被称为资源(Resource)。RDF 将资源(Resource)定义为任何可被 URI 引用(URIref)标识的事物。因此,使用 URIref 机制,RDF 实际上可以描述任何事物,并陈述这些事物之间的关系。

RDF 描述资源的思想是通过陈述(Statement)来实现的,一个陈述是一个三元组,该三元组由一个主体、一个谓词和一个客体组成,意为:主体代表的事物的某个属性(谓词)的值是客体代表的事物。RDF 可以将一个或多个关于资源的简单陈述(即三元组)表示为一个由结点和边组成的图(Graph),其中的结点和边代表资源、属性或属性值。在 RDF 图中,每个三元组用一个"结点 – 边 – 结点"的连接表示,其中边的方向很重要,它总是由主体指向客体。RDF 图的形式语义由 RDF 语义给出。

例如,英文陈述:http://www. example. org/index. html has a creator whose name is John Smith,可以由如下 RDF 陈述来表示:

一个主体:http://www. example. org/index. html

一个谓词:http://purl. org/dc/elements/1. 1/creator

一个客体:http://www. example. org/staffid/85740

这里,用 URIref 标识了陈述的主体、谓词和客体,该 RDF 陈述可以描述为如图 2 – 1 所示的 RDF 图。

在图 2 – 1 所示的 RDF 图中,RDF 使用 URIref 不仅标识了陈述的主体,还标识了谓词和客体,而不是分别使用字符串"creator"和"John Smith",体现了 RDF 使用 URIref 作为标识事物方式的优势。例如,不是使用字符串"John Smith"来作为网页的制作者,而是把一个 URIref:http://www. example. org/staffid/85740 (这里是

21

基于他的雇员号的 URIref)赋予给他。使用 URIref 的一个优点就是陈述主体可以被精确地标识出来,也就是说,这个网页的制作者不是字符串"John Smith",也不是数以千计的名叫 John Smith 的人中的一个,而是与那个 URIref 相关的 John Smith。同样,RDF 使用 URIref 标识属性,而不是使用像"creator"那样的字符串,通过使用 URIref 可以把一个人用的属性和其他人用的属性区别开来,尽管他们可能用相同的字符串来表示属性。

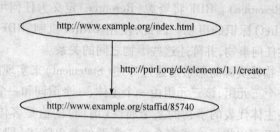

图 2 - 1　RDF 图描述的一个陈述

　　RDF 用 URIref 作为 RDF 陈述的主体、谓词、客体支持了 Web 上的共享词汇表的使用和发展,因为人们可以使用已经在用的词汇表来描述事物,这反映了人们对那些概念的共享理解。

　　在 RDF 的三元组结构中,主体可以为 URIref 或匿名结点 ID,谓词是一个 URIref,客体可以为 URIref、匿名结点 ID 或文字(Literal)。其中,匿名结点 ID 不命名,用结点标识符号来表示,如_:xxx 表示一个匿名结点。文字是用于表示某种属性值的字符串。

　　RDF 中的文字包括无类型文字(Plain Literals)和类型文字(Typed Literals)。前者由一个 Unicode 字符串和一个可选语言标记组成,如:"Tom" @ en,后者是带有数据类型 URIref 的字符串,如:"25"^^xsd:integer,表示文字 25 是 XML Schema 中的 integer 数据类型。数据类型 xsd:integer 通过 URIref(完整的 URIref 为 http://www. w3. org/2001/XMLSchema#integer) 来标识,而 xsd:integer 是该 URIref 的限定名称 QName 形式。RDF 没有自己的内置数据类型(如整型、实型、字符型或者日期类型),只有一个预定义的数据类型 rdf：XMLLiteral。除数据类型 rdf：XMLLiteral 外，在 RDF 类型文字中使用的数据类型需要在 RDF 外部定义，并且由它们的数据类型 URIref 来确定。借助类型文字机制，RDF 可以表示多种类型的属性值。

例如，英文陈述：http：//www. example. org/index. html has a creator whose name is John Smith and whose age is 27.

在 RDF 中，若使用限定名称 QName 简化 URIref，上面的陈述可以写成如下的三元组形式：

ex：index. html   dc：creator   exstaff：85740

exstaff：85740   exterms：name "John Smith"

exstaff：85740   exterms：age   "27"^^xsd：integer

其中"John Smith"是无类型文字，"27"^^xsd：integer 是类型文字。

采用 RDF 描述 Web 资源时，还需要定义描述中使用的词汇，这就是 RDF 的词汇描述语言，即 RDF Schema（RDFS）。RDFS 在 RDF 的基础上引进类、类之间的包含关系、属性之间的包含关系，以及属性的定义域和值域。语法上，它与 RDF 完全一致，即所有 RDF 文档都是合法的 RDFS 文档。语义上，它是 RDF 的一个扩展，即保留了 RDF 的全部语义，同时对新增部分加入 RDFS 自身解释。

2. 1. 2. 2   OWL

在语义 Web 中，本体具有非常重要的地位，它是解决语义层次上万维网信息共享和交换的基础。本体的广泛运用需要一个重要的先决条件，即一个描述本体并使得它们能够进行信息交换的语言标准。RDFS 作为一种知识表示语言已经得到认可，然而真正的本体词汇还需要更多的语法结构和语义模型。为了更详细地描述资源，需要更强的表达能力。此外，这些描述机制若要在自动化处理中得到应用，它们必须拥有自动推理功能。以上这些考虑推动了 SHOE、DAML-ONT、OIL、DAML + OIL 和 OWL 等本体语言的发展。

SHOE 是 Web 第一代本体语言,基于框架系统,采用 XML 文法,能嵌入已有的 HTML 文档。DAML-ONT 仍是基于框架的知识系统,但采用 RDF 文法,借用面向对象的建模手段。OIL 是第一个将描述逻辑、框架语言和 Web 规范(如 XML 和 RDF)融合而成的本体语言。OIL 可归约到描述逻辑 SHIQ,而语言结构采用框架式,允许复杂类定义。DAML + OIL 是 DAML-ONT 和 OIL 共同发展的结晶,该语言从描述逻辑入手,建立于 W3C 标准 RDF 和 RDFS 之上。

OWL(Web Ontology Language)是一种定义和编写语义 Web 本体的标记性语言,是国际万维网联盟 W3C(World Wide Web Consortium)发布的本体语言标准,OWL 的推出是语义 Web 发展过程中的一个重要里程碑。作为一种描述语言,OWL 以 RDF 和 RDFS 为基础,使用基于 XML 的 RDF 语法规范,采用框架语言作为抽象语法,通过定义类以及类的属性来形式化地描述领域,并通过 OWL 的形式化语义对类进行某种程度上的逻辑推理。为了应用的需要,W3CWeb 本体工作组(Web Ontology Working Group)定义了 OWL 的三个不同的子语言,即 OWL Full、OWL DL、OWL Lite。

1)OWL Full

OWL Full 包括所有 OWL 的结构,可以自由无限地使用 RDF 的结构。owl:Thing 与 rdfs:Resource 相同,owl:Class 与 rdfs:Class 相同,owl:ObjectProperty 与 rdf:Property 相同。

OWL Full 的优点是语法和语义上都对 RDF 完全向上兼容,即任何合法的 RDF 文档都是合法的 OWL Full 文档,任何有效的 RDF(S)推论都是有效的 OWL Full 推论。OWL Full 的缺点是它的表达能力过于强大,以致于是不可判定的,从而不支持完备或高效的推理。

2)OWL DL

构造子是用于构造概念描述或关系描述的描述符。为了保证计算效率,OWL Full 的子语言 OWL DL(DL 是描述逻辑的缩写)对 OWL 和 RDF 的构造子(Constructor)的使用做了限制——本质上不允许构造子间的相互作用,从而确保这个子语言对应于一个已经得到充分研究的描述逻辑系统。实际上,OWL DL 对应着描述逻辑 SHOIN(D)。

这个子语言的优点是保证了高效的推理支持,缺点是不能与 RDF 完全兼容——合法的 RDF 文档一般需通过一些扩展或限制才能成为合法的 OWL DL 文档,但每个合法的 OWL DL 文档都是合法的 RDF 文档。

3)OWL Lite

OWL Lite 只提供分类层次和简单约束。OWL Lite 继承所有 OWL DL 的限制,但对 OWL DL 中的构造子进行了进一步的限制。例如,OWL Lite 虽然同样支持基数限制,但只允许基数为 0 或 1。此外,OWL Lite 禁止使用下面的语义元素:owl:oneOf、owl:union-Of、owl:complementOf、owl:hasValue、owl:disjointWith、owl:DataRange。

这三个语言之间是严格向上兼容的,体现在:

① 合法的 OWL Lite 本体都是合法的 OWL DL 本体;

② 合法的 OWL DL 本体都是合法的 OWL Full 本体;

③ 有效的 OWL Lite 推论都是有效的 OWL DL 推论;

④ 有效的 OWL DL 推论都是有效的 OWL Full 推论。

此外,OWL 在很大程度上仍然使用 RDF 和 RDFS,体现在如下几个方面:

① 所有 OWL 变体都使用 RDF 语法;

② 实例声明和 RDF 一样,使用 RDF 描述和数据类型信息;

③ OWL 的构造子,如 owl:Class、owl:DatatypeProperty、owl:ObjectProperty 等,是对 RDF 中对应构造子的特殊化。

下面分别介绍 OWL 中的类、属性及个体。

1)OWL 的类(Class)

类是 OWL 中的一个重要概念。owl:Class 用来标记一个类,它是 rdfs：Class 的子集。与 RDF 中的类一样，每个 OWL 类都对应一个个体（Individuals）的集合。这个个体的集合称为"类扩展"（Class Extension），这些个体称为"类扩展"中的实例（Instances）。OWL 用一段代码描述一个类，这段 OWL 代码称为"类描述"（Class Description），所有的 OWL 类都是用"类描述"来描述。"类描述"可以描述一个具名类，也可以描述一个匿名类，一个或多个"类描述"构成一个"类公理"（Class Axiom）。

"类描述"有 6 种形式：包括类标识符、由有限数量个体的枚举而构成的类的实例集、属性约束以及两个以上"类描述"的交（Intersection）运算、并（Union）运算、补（Complement）运算。

用类标识符定义类是最简单的形式，例如 < owl：Class rdf：ID = "Human"/ >。枚举类使用属性 owl：oneOf 和 rdf：parseType = "Collection"来描述。属性约束通过使用类 owl：Restriction（它是 owl：Class 的子类）和属性 owl：onProperty 来定义匿名类的"类描述"。属性约束分为两类，一类是取值约束（Value Constraints），包括 owl：allValuesFrom、owl：someValuesFrom、owl：hasValue。另一类是基数约束（Cardinality Constraints），包括 owl：maxCardinality、owl：minCardinality、owl：cardinality，这些属性约束都是 OWL 的内置属性。

2）OWL 的属性（Property）

OWL 的属性主要包括如下 4 类：对象属性（Object Property）、数据类型属性（DataType Property）、注释属性（Annotation Property）和本体属性（Ontology Property）。

（1）对象属性和数据类型属性。对象属性和数据类型属性都表示二元关系，其中对象属性表示两个类实例之间的关系，数据类型属性表示类实例与 RDF 文字或 XML Schema 数据类型之间的关系。

（2）注释属性。在 OWL Full 里对注释属性没有任何限制。在 OWL DL 中，允许注释属性对类、属性、个体、本体头进行注释，但是有所限制。

（3）本体属性。描述本体的文档，一般也包括本体自身属性的信息。本体也是资源，可以由 OWL 和其他域名空间的属性来描述。

和类有类公理一样，OWL 属性也有属性公理，主要具有如下 4 种形式：

（1）RDFS 属性结构。RDFS 属性结构包括 rdfs：domain（定义域）、rdfs：range（值域）以及 rdfs：subPropertyOf（子属性）。其中，rdfs：domain 定义属性的作用范围，用于表明一个属性应用于哪个类；rdfs：range 定义属性值的取值范围；rdfs：subPropertyOf 定义一个属性是另一个属性的子属性，和描述类的继承关系一样来描述属性之间的继承关系。

（2）相同属性结构。owl：equivalentProperty 用于声明两个属性具有相同的"属性扩展"。在 OWL 中，"属性扩展"的意义同"类扩展"，但是属性的实例不是简单的元素，而是形如"主体 客体"这样的有序对。

（3）属性的全局约束。owl：FunctionalProperty 定义函数型属性，如果一个属性 p 被标记为函数型属性，那么对于所有的 x, y, z：由 $p(x, y)$ 与 $p(x, z)$，可以推出 $y = z$。owl：InverseFunctionalProperty 定义反函数型属性，如果一个属性 p 被标记为反函数型属性，那么对于所有的 x, y, z：由 $p(y, x)$ 与 $p(z, x)$，可以推出 $y = z$。owl：inverseOf 定义逆属性，如果一个属性 p_1 被标记为属性 p_2 的逆，那么对于所有的 x 和 y：$p_1(x, y)$ 等于且仅等于 $p_2(y, x)$。

（4）属性的特性约束。owl：TransitiveProperty 定义传递属性，如果一个属性 p 被声明为传递属性，那么对于任意的 x, y, z：由 $p(x, y)$ 与 $p(y, z)$ 可以推出 $p(x, z)$。owl：SymmetricProperty 定义对称属性，如果一个属性 p 被声明为对称属性，那么对于任意的 x 和 y：$p(x, y)$ 等于且仅等于 $p(y, x)$。

3）OWL 的个体（Individuals）

在 OWL 中个体的表示方法继承了 RDF 的三元组表示法，个体是由个体公理来定义，包括两类公理，即个体的类成员与个体的属性值公理、个体的识别公理。

第一类公理描述了个体所属的类,以及个体的属性值。这类公理既可以定义具名个体,也可以定义匿名个体。

第二类公理用于识别个体。OWL 中不使用唯一命名假设(U-nique Names Assumption),即仅仅名称不同并不意味着这两个名称引用的是不同个体。在 OWL 中除非明确声明两个 URIref 指向相同的或不同的个体,否则理论上这两种情形都有可能。OWL 提供了三种构造子用于识别个体。owl:sameAs 声明两个 URIref 指向相同的个体;owl:differentFrom 声明两个 URIref 指向不同的个体;Owl:AllDifferent 声明其后面列表中所有个体互相不同,它需要与 owl:distictMembers 联合使用。

在 OWL 中除了表达类、属性、个体的语义要素之外,还有一个重要的语义要素就是数据类型(Datatype)。OWL 基于 RDF 数据类型,XML Schema 数据类型和 RDF 类型文字构成了 OWL 的内嵌数据类型。

一般,本体中的概念、关系、实例对应于 OWL 中的类、属性、个体。语义 Web 中的本体使用的描述语言是 OWL,因此将用描述语言 OWL 描述的语义 Web 本体称为 OWL 本体。

2.1.3 描述逻辑

描述逻辑是目前最常用的语义 Web 本体语言 OIL、DAML + OIL 和 OWL 的逻辑基础。描述逻辑(Description Logic)是一族知识表示语言,它以结构化的和易于理解的形式来表示领域知识。描述逻辑中,最基本的描述是概念(Concept)和关系(Role),概念表示一些个体的集合,关系表示个体之间的二元关系。复杂的描述是由原子概念和原子关系通过构造子而形成。

描述逻辑语言根据它们提供的构造子来区别,最基本的描述逻辑语言是 ALC 语言(Attributive Concept Description Language with Complements),是一种包括合取、析取、否定、存在性限定和值限定构造子的描述逻辑语言。在 ALC 中,若允许关系具有传递性,就形成描述逻辑语言 ALC_{R+},可以简写成 S。进一步,再加入逆关系构造子 I,以及形如 $P \sqsubseteq S$ 的关系包含公理(记为 H),则形成描述逻辑语言 SHI。在 SHI 基础上添加数量限定(N),则形成描述逻辑语言 SHIN。另外,如果可以通过对个体的枚举来定义类,那么就是 O 的作用。对诸如字符串、整型这些数据类型的支持,称为有型域 D。在 SHIN 基础上分别添加构造子 O、D,将会得到描述逻辑语言 $SHOIN(D)$。Baader 等人明确指出描述逻辑可以作为语义 Web 的本体语言,为语义 Web 提供必要的逻辑基础。当前的本体语言普遍将描述逻辑作为其逻辑基础:如 DAML + OIL 等价于描述逻辑 $SHOIQ(D)$,OWL DL 等价于 $SHOIN(D)$。

描述逻辑的语言定义一般包括语法、语义、知识库和推理问题等部分。下面以描述逻辑 ALC 为例,简单介绍其语法和语义。

设 C 和 R 是可数的不相交的概念名的集合和关系名的集合,ALC 概念的集合定义为满足下列条件的最小集合:

(1) 任意原子概念 $A \in C$ 是 ALC 概念;

(2) 设 C 和 D 是 ALC 概念,$R \in R$ 是 ALC 关系,则表达式 $\neg C$(补)、$C \sqcap D$(交)、$C \sqcup D$(并)、$\exists R.C$(存在限制)和 $\forall R.C$(值限制)是 ALC 概念。

描述逻辑中有两个常用的特殊记号:$\top$ 和 $\bot$,其中 $\top$ 是指代论域全集的顶概念,$\bot$ 是指代空集的底概念。$\top$ 和 $\bot$ 可用上面给出的 ALC 概念表示,如:$\top = A \sqcup \neg A$,$\bot = A \sqcap \neg A$。

下面举例说明 ALC 语法的使用。假设 Person 和 Female 是原子概念。那么,Person $\sqcap$ Female 和 Person $\sqcap \neg$ Female 是 ALC 语言概念,直观上描述了那些是 Female 的 Person,和那些不是 Female 的 Person。如果另外假设 hasChild 是一个原子关系,则可以使用概念 Person $\sqcap \exists$ hasChild. $\top$ 和 Person $\sqcap \forall$ hasChild. Female 表示那些至少有一个孩子的 Person,以及那些所有的孩子都是 Female 的 Person。使用 $\bot$,则可以用 Person $\sqcap \forall$ hasChild. $\bot$ 描述那些没有孩子的 Person。

ALC 的语义解释是一个二元组 $I = (\Delta^I, \cdot^I)$,其中 Δ^I 是代表

论域的非空集合，$\cdot^I$ 是解释函数，它将每个 $A \in \mathbf{C}$ 映射为 Δ^I 的子集，每个 $R \in \mathbf{R}$ 映射为 $\Delta^I \times \Delta^I$ 的子集，分别称作原子概念 A 和原子关系 R 的解释，记做 A^I 和 R^I。对于由构造子构成的概念，解释函数 $\cdot^I$ 定义它们的解释如表 2-1 所示。由此可得，$\top^I = (A \sqcup \neg A)^I = \Delta^I$，$\perp^I = (A \sqcap \neg A)^I = \varnothing$。

表 2-1　描述逻辑 ALC 的语义解释

构造子	语　法	语　义
取反概念	$(\neg C)^I$	$\Delta^I \setminus C^I$
交概念	$(C \sqcap D)^I$	$C^I \sqcap D^I$
并概念	$(C \sqcup D)^I$	$C^I \sqcup D^I$
存在限制	$(\exists R. C)^I$	$\{x \in \Delta^I \mid \exists y. \ \langle x,y \rangle \in R^I \wedge y \in C^I\}$
值限制	$(\forall R. C)^I$	$\{x \in \Delta^I \mid \forall y. \ \langle x,y \rangle \in R^I \rightarrow y \in C^I\}$

描述逻辑知识库 K（Knowledge Base）由 TBox T 和 ABox A 两部分组成，$K = \langle T, A \rangle$。其中，TBox 定义概念术语，描述问题域中一般性知识，声明概念和关系如何相互关联，是领域结构中公理的集合。令 C、D 表示概念，R、S 表示关系，则 TBox 中的公理具有如下形式：

包含公理：形如 $C \sqsubseteq D$ 或者 $R \sqsubseteq S$，描述概念或关系之间的包含关系。

等价公理：形如 $C \equiv D$ 或者 $R \equiv S$，描述两个概念或关系等价。

如果对于一个解释 I 有 $C^I \subseteq D^I$，那么解释 I 满足包含公理 $C \sqsubseteq D$；如果对于解释 I 满足 $C^I = D^I$，那么解释 I 满足等价公理 $C \equiv D$。如果解释 I 满足一个公理（或公理集合），那么，称解释 I 是该公理（或公理集合）的一个模型。一个解释 I 称为 TBox T 的模型，等于且仅等于 I 满足 T 中的所有公理。

ABox 描述问题域的具体知识，是关于具体个体和关系的断言的集合，ABox 包括概念断言和关系断言，令 a、b 表示个体，C 表示概念，R 表示关系，则 ABox 具有如下形式：

概念断言：形如 $C(a)$，表示个体 a 是概念 C 的实例。

关系断言:形如 $R(a,b)$:表示个体 a 和 b 存在关系 R。

一个解释 I 满足概念断言 $C(a)$,当且仅当 $a^I \in C^I$ 成立。一个解释 I 满足关系断言 $R(a,b)$,当且仅当 $(a^I,b^I) \in R^I$ 成立。一个解释 I 称为 ABox A 的模型,当且仅当 I 满足 A 中的所有断言。

一个解释 I 称为知识库 K 的模型,当且仅当 I 满足 TBox T 和 ABox A。

描述逻辑基于知识库可以实现各种推理任务,描述逻辑知识库推理就是发现隐含知识的过程。描述逻辑的推理功能主要集中在以下两方面:

(1)概念可满足性:在 TBox T 的约束下,概念 C 是可满足的,当且仅当存在 T 的模型 I,满足 $C^I \neq \varnothing$,I 也被称为 C 的模型。

(2)知识库一致性:知识库 $K = \langle T,A \rangle$ 是一致的,等于且仅等于存在 K 的模型 I。不考虑 TBox 约束或者 TBox 为空时,ABox A 是一致的等于且仅等于存在 A 的模型 I。

2.2　模糊集基本理论

1965 年,美国加州大学伯克利分校的 Zadeh 教授在 Information and Control 杂志上发表了他的创新性文章"Fuzzy Set",从此创建了模糊集理论。模糊集理论的提出为描述和处理现实世界中事物的模糊性和系统的不确定性,提供了一个十分有效的工具。在模糊集理论的基础上,Zadeh 教授于 1978 年在文献[25]中又提出了可能性分布理论。可能性分布理论提出的理论意义在于,它为模糊理论建立了一个用于实际应用的理论框架,现已成为研究模糊语言、模糊逻辑等的一种重要工具。

2.2.1　形式化定义

设 U 是论域,F 是 U 上的一个模糊集。F 的定义需要一个隶属函数 $\mu_F:U \to [0,1]$,其中对于任意的 $u \in U$,$\mu_F(u)$ 表示 u 属于模糊集 F 的隶属度,模糊集 F 表示如下:

$$F = \{\mu_F(u_1)/u_1, \mu_F(u_2)/u_2, \cdots, \mu_F(u_n)/u_n\} \qquad (2.1)$$

当 U 是连续域的时候,模糊集 F 则表示如下:

$$F = \int_{u \in U} \mu_F(u)/u \qquad (2.2)$$

要说明一点,上面的 μ_F 用于表示模糊集 F 的隶属函数,而 $\mu_F(u)$ 用于表示 u 属于模糊集 F 的隶属度。隶属度也称作成员度,相应地,隶属函数也称作成员函数或成员度函数。实际上,上面的 $\mu_F(u)$ 也可以解释成一个变量 X 值为 u 的可能性度量,这里 X 取 U 中的值,此时一个模糊值可以用一个可能性分布 π_X 来表示。

$$\pi_X = \{\pi_X(u_1)/u_1, \pi_X(u_2)/u_2, \cdots, \pi_X(u_n)/u_n\}$$

这里,对于任意的 $u_i \in U$,$\pi_X(u_i)$ 表示 u_i 为真的可能性。一个模糊集是一个概念的表示,而可能性分布与分布内一个值出现的可能性相关联。设 π_X 和 F 分别是一个模糊值可能性分布表示和模糊集表示,则 π_X 和 F 可看作是等同的,即 $\pi_X = F$。借助于模糊集和可能性分布,U 上的一个模糊值可以用一个模糊集或一个可能性分布表示。

2.2.2　模糊集的基本概念

设 F 是论域 U 上的模糊集,其隶属函数为:$\mu_F : U \rightarrow [0,1]$,则与模糊集相关的一些概念如下。

1) 支集

模糊集 F 的支集定义为由 F 中隶属度值不为 0 的元素构成的集合,表示为

$$\text{supp}(F) = \{u \mid u \in U \text{ and } \mu_F(u) > 0\} \qquad (2.3)$$

2) 核集

模糊集 F 的核集定义为由 F 中完全属于 F 的元素(也就是隶属度值为 1 的元素)构成的集合,表示为

$$\text{ker}(F) = \{u \mid u \in U \text{ and } \mu_F(u) = 1\} \qquad (2.4)$$

3）α-截集

模糊集 F 的 α-截集定义为由 F 中隶属度值大于（大于等于）α 的元素构成的集合，其中 $0 \leqslant \alpha < 1 (0 < \alpha \leqslant 1)$，称为 F 的强（弱）α-截集，表示为

$$F_{\alpha+} = \{u \mid u \in U \text{ and } \mu_F(u) > \alpha\} \qquad (2.5)$$

$$F_{\alpha} = \{u \mid u \in U \text{ and } \mu_F(u) \geqslant \alpha\} \qquad (2.6)$$

模糊集的支集、核集以及 α-截集之间的关系如图 2-2 所示。

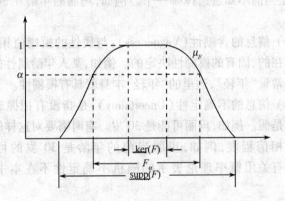

图 2-2　模糊集的支集、核集及 α-截集

2.3　模糊信息的表示方法

现实世界应用中，信息通常是不精确和不确定的，这样的信息通常称为模糊信息。各种模糊信息的模糊性并不相同，根据模糊性的表现形式，模糊信息可以划分为不同的种类。

2.3.1　分类与语义

信息的模糊性主要表现在信息的不一致性（Inconsistency）、不精确性（Imprecision）、含糊性（Vagueness）、不确定性（Uncertainty）和不明确性（Ambiguity）等方面，具体含义解释如下：

（1）信息的不一致性（Inconsistency）：是指同一数据在不同数据源的表示值不同，主要由于重复存放的数据未能进行一致性更新而造成。例如，某人的年龄在一个数据库被记录为 34 岁，而在另一个数据库却被记录为 37 岁。信息的不一致性是信息集成中面临的主要问题。

（2）信息的不精确性（Imprecision）：是指信息不够严密，往往要从一个给定的取值范围（可以是区间或者是集合）中选择一个值，但是当前不知道选择哪一个。例如，玛丽的年龄在 30 岁 ~35 岁之间。

（3）信息的含糊性（Vagueness）：与属性的模糊值相关，是由信息内在的、固有的模糊性决定的。例如，某人年龄属性的值为一个语言常量"年轻"，这里的"年轻"本身就具有模糊性。

（4）信息的不确定性（Uncertainty）：是指没有把握确定信息是真还是假。例如，玛丽可能是 30 岁。有时需要对这样的信息赋予一个相信程度，例如，玛丽当前的年龄是 30 岁的可能性是 98%。有关用概率理论表示的随机不确定性不在本书的讨论范围。

（5）信息的不明确性（Ambiguity）：是由于信息缺乏完全的语义，而导致多种可能的解释。例如，对玛丽年龄的解释为或者是 30 岁或者是 35 岁。

通常，一个信息可能同时存在几种类型的模糊性，信息的不精确性、不确定性和含糊性是模糊信息的主要形式，文献中已提出多种方法来表示不精确和不确定信息，这些方法可归结为 2 大类，分别是定量方法和符号方法。

2.3.2　表示方法

信息的不精确性和不确定性有多种表示方法，由 Zadeh 提出的模糊集理论和可能性分布理论，是一种被广泛使用的不精确和不确定信息的定量表示方法，而函数描述法主要用于符号方法。下面给出模糊数据的几种常用表示方法。

1）Zadeh 表示法

当 U 为离散有限论域 $\{u_1, u_2, \cdots, u_n\}$ 时，模糊集 A 可以表示为

$$A = \mu_A(u_1)/u_1 + \mu_A(u_2)/u_2 + \cdots + \mu_A(u_n)/u_n = \tag{2.7}$$

$$\sum_{i=1}^{n} \mu_A(u_i)/u_i, \forall u_i \in U$$

这里 $\mu_A(u_i)/u_i$ 表示 u_i 对模糊集 A 的隶属程度是 $\mu_A(u_i)$，符号 $\sum$ 是各元素与其隶属函数对应关系的一个总括。

当 U 为连续有限论域时，模糊集 A 可以表示为

$$A = \int_U \mu_A(u)/u, \forall u \in U \tag{2.8}$$

同样，其中的"$\int$"表示连续论域 U 上的元素 u 与隶属度 $\mu_A(u)$ 之间一一对应关系的总体集合。

2）向量表示法

如果单纯地将论域 U 中元素 $u_i(i = 1, 2, \cdots, n)$ 所对应的隶属函数值 $\mu_A(u_i)$，按序写成向量形式来表示模糊子集 A，则可以表示为

$$A = (A(u_1), A(u_2), \cdots, A(u_n)) \tag{2.9}$$

即为向量表示法。在向量表示法中，隶属度为 0 的项不能省略。

3）序偶表示法

若将论域 U 中元素 u_i 与其所对应的隶属函数值 $\mu_A(u_i)$ 组成序偶 $< u_i, \mu_A(u_i) >$ 来表示模糊子集 A，则可以表示为

$$A = (< u_1, \mu_A(u_1) >, < u_2, \mu_A(u_2) >, \cdots, < u_n, \mu_A(u_n) >)$$

$$\tag{2.10}$$

即为序偶表示法。在序偶表示法中，为简明起见，隶属度为 0 的项可以省略。

4）函数描述法

根据模糊集合的定义，论域 U 上的模糊子集 A，完全可以由隶属函数 $\mu_A(u)$ 来表示，而隶属函数值 $\mu_A(u_i)$ 本身表示元素 u_i 对 A 的隶属程度大小。因此和经典集合中的特征函数表示方法一样，可以用隶属函数曲线来表示一个模糊子集 A。

2.4 本章小结

本章首先介绍了本体的基本概念、语义 Web 的数据层语言 RDF 和 RDFS、本体层语言 OWL 以及描述逻辑，然后介绍了模糊集理论，最后介绍了模糊信息的分类、语义与表示方法。本章所展示的内容为后续各章节的研究提供了必要的理论基础。

第3章 数据层和本体层
语言的模糊扩展

语义 Web 对知识的表示和处理能力直接依赖于数据层和本体层语言对知识的表示和处理能力,为了有效地表示和处理大量的模糊知识,语义 Web 需要具备能够表示和处理模糊知识的语言基础。鉴于此,本章研究语义 Web 数据层语言 RDF(S)和本体层语言 OWL 的模糊扩展。

3.1 节介绍对语义 Web 数据层语言 RDF(S)和本体层语言 OWL 进行模糊扩展的原因;3.2 节基于 RDF 数据类型机制,研究模糊数据类型的表示方法,在此基础上,给出模糊 RDF(S)(f-RDF(S))语义;3.3 节研究本体层语言 OWL 的模糊扩展,给出模糊 OWL(f-OWL)的语法和语义;3.4 节给出模糊 OWL 本体的形式化定义;3.5 节是对本章的小结。

3.1 引 言

在语义 Web 中,本体是解决语义层次上 Web 信息共享和交换的基础,是使 Web 具有语义的关键技术,因此,语义 Web 的实现很大程度上依赖于本体的建立。近年来,有大量研究致力于本体的构建,这些本体主要用于表示和处理确定性知识,而对于现实世界中广泛存在的不精确和不确定的知识与信息,现有本体却不能表示和处理,这使得构建能够表示不确定性知识的模糊本体日益得到关注。

模糊性是现实世界中事物的一个重要特性,本体能够通过模糊扩展来实现对客观事物模糊性的描述,进而形成模糊本体。本体中的模糊性主要表现在类属性值上的模糊性、类实例的模糊性以及类之间关系的模糊性。

语义 Web 中的本体,即 OWL 本体建立在 RDF(S)和 OWL 等标准描述语言的基础上,为实现对现实世界中广泛存在的不精确、不确定知识的表示和处理,语义 Web 需要具备能够表示和处理模糊知识的语言基础。因此,对语义 Web 数据层语言 RDF(S)和本体层语言 OWL 进行模糊扩展是构建模糊 OWL 本体的先决条件。

语义 Web 领域和本体应用中涉及到的模糊知识是有一定含义、有逻辑的模糊数据流。为准确描述这些大量存在的模糊数据,需要根据模糊数据模糊性的表现形式为其赋予相应的数据类型。OWL 作为描述语义 Web 本体的语言标准,基于 RDF 数据类型,因此,对 RDF 数据类型进行模糊扩展,是使用 OWL 语言描述本体中模糊数据的前提。

本章首先根据 RDF 数据类型机制的特点,研究 RDF 数据类型及 RDF(S)的模糊扩展,然后研究本体层语言 OWL 的模糊扩展,在此基础上,给出模糊 OWL 本体的形式化定义。

3.2 RDF(S)的模糊扩展

RDF 没有自己的内置数据类型(如整型、实型、字符型或者日期类型),只有一个预定义的数据类型 rdf:XMLLiteral。RDF 使用类型文字来提供数据类型信息。一个 RDF 类型文字是通过把一个字符串与一个能确定一个数据类型的 URIref 配对而形成。类型文字表示的值就是把指定的字符串赋值给指定的数据类型的值。例如,RDF 通过数据类型 xsd:integer 将 John Smith 的年龄表述成整数 27,即将文字"27"解释成一个整数,而不是将文字"27"解释成由"2"和后面的"7"组成的字符串,如下所示:

exstaff:85740 exterms:age "27"^^xsd:integer

除预定义的数据类型 rdf:XMLLiteral 外,在 RDF 类型文字中使用的数据类型都需要在 RDF 外部定义并用 URIref 标识，然后，在 RDF 中通过 URIref 引用数据类型并给文字关联一个数据类型，来描述 RDF 中的文字。RDF 数据类型定义机制适合在 RDF 外部定义新的数据类型，并将该数据类型应用在 RDF 中。借助类型文字机制，RDF 可以表示多种类型的属性值。

由于现实应用中，信息通常是不精确和不确定的，比如描述 Web 页面的作者，他可以是一个高个的中年人，类似"高"、"中年"这样的概念在实际应用中还有很多。为了能够在 RDF 中支持模糊数据的表示，首先要对 RDF 数据类型进行模糊扩展。事实上，RDF 数据类型机制为 RDF 模糊数据类型的定义提供了自然和有效的方法，奠定了对 RDF 数据类型进行模糊扩展的基础，这使得基于 RDF 数据类型机制，对 RDF 数据类型进行模糊扩展具有可行性。

3.2.1　模糊数据类型的表示方法

RDF 采用的是格式如"资源 属性 值"这样的数据模型，来表示 Web 上资源的属性的值，这里的值也就是 RDF 中的文字。根据属性域是连续域还是离散域，将 RDF 的数据类型进行模糊扩展，提出两类模糊数据类型来表示模糊数据，并将模糊扩展后的 RDF 称为模糊 RDF(f-RDF)。

在 f-RDF 中，第一类模糊数据类型描述的是作用在连续域上的属性的模糊值，相应地，称这样的属性为类型 1 模糊属性。

这类数据类型包括 Interval、Approx、Tag、Trapezoidal，此外，还包括 Unknown、Undefined 和 Null 类型。

数据类型 Interval (Interval:$[m, n]$) 表示一个属性的取值为某一个区间范围$[m, n]$，如"年龄"属性的取值可以是一个实数域中的区间$[30, 35]$。数据类型 Approx (Approx:a) 表示一个属性的取值可以是一个大约值 a，如"身高"属性的取值为"180cm 左右"。数据类型 Tag 表示一个属性的取值可以使用自然语言中的术语(即语言常量)，如"速度"属性的取值可以是"慢速"、"中速"、"快速"等语言常量。数据类型 Trapezoidal (Trapezoidal:$[\alpha,$

$\beta,\gamma,\delta]$)表示一个梯形模糊数,其中 α、δ 的取值分别为梯形模糊数支集的最小值和最大值,β、γ 的取值分别为梯形模糊数核集的最小值和最大值。梯形模糊数常用于对语言常量进行描述,如"年龄"属性的取值可以是语言常量"年轻",这可以用梯形模糊数表示为 $[0,16,30,40]$。此外,数据类型 Unknown 表示属性的值未知,一个具有可能性分布的 unknown 值可以表示为 unknown $= \{1/u, u \in U\}$(这里 U 表示论域)。数据类型 Undefined 表示属性的值未定义,一个具有可能性分布的 undefined 值可以表示为 undefined $= \{0/u, u \in U\}$。数据类型 Null 则表示属性的取值是空值,一个空值 null 可以表示为 null $= \{1/unknown, 1/undefined\}$。

在 f-RDF 中,第二类模糊数据类型描述的是作用在离散域上的属性的模糊值,相应地,称这样的属性为类型 2 模糊属性。

这类数据类型包括 Label 和 Posdis,其中数据类型 Label 同样表示具有该数据类型的属性的取值是语言常量,如"工作能力"属性可以取值"较差"、"一般"、"较好"等,由于"工作能力"属性定义在离散域上,所以要给出"工作能力"属性各个值之间的相似关系。数据类型 Posdis 表示属性的取值是一个可能性分布(Possibility Distribution),如"e-mail"属性由可能性分布 $\{J\_S@yahoo.com/0.9, J\_Smith@msn.com/0.8, J\_S@msn.com/0.85\}$ 给出,表示 e-mail 地址为"J_S@yahoo.com"的可能性是 0.9,为"J_Smith@msn.com"的可能性是 0.8,为"J_S@msn.com"的可能性是 0.85。此外,类型 2 数据类型也可以包括 Unknown、Undefined 以及 Null 类型。

为了使 f-RDF 能够描述 Web 资源中的模糊数据,首先利用 RDF 的数据类型机制,在 RDF 的外部定义模糊数据类型 rdf:FuzzyDatatype,包括基础类型 fd:interval、fd:approx、fd:tag、fd:trapezoidal、fd:unknown、fd:undefined、fd:null、fd:label、fd:posdis,并用 URIref 来标识,然后通过给 f-RDF 中的文字关联一个模糊数据类型,形成模糊类型文字,就能够实现对各种类型的模糊数据的表示。由于在 RDF 的外部对模糊数据类型的定义更倾向于纯技术方法,本书在此不予讨论。

考虑英文陈述：http://www.example.org/index.html has a creator whose name is John Smith and he is young.

陈述中出现的模糊概念"young"在经典的 RDF 中无法描述，但在 f-RDF 中，借助模糊数据类型，能够表示这样的模糊数据，该陈述可以写成如下的三元组形式：

ex：index.html	dc：creator	exstaff：85740
exstaff：85740	exterms：name	"John Smith"
exstaff：85740	exterms：age	"young"^^fd：tag

其中，f-RDF 将类型文字"young"^^fd：tag 中的文字"young"解释为 rdf：FuzzyDatatype 中的 tag 数据类型，数据类型 fd：tag 通过 URIref（如 http://www.w3.org/2001/FuzzyDatatype#tag）来标识，其中 fd：tag 是其 URIref 的限定名称 QName 形式。

f-RDF 基于模糊 XML 语法，参见文献[116]，这里不再给出，下面给出模糊扩展后的 RDF(S) 的形式化语义。

3.2.2　模糊 RDF(S) 语义

首先，给出模糊扩展后的 f-RDF 三元组 $(s\ p\ o)$ 以及 f-RDF 图的定义。

定义 3.1　令 U 为 URIref 引用的集合，B 为空结点的集合，$L = LP \cup LT$ 是文字的集合，其中 LP、LT 分别为无类型文字和类型文字（包括模糊类型文字）的集合，则一个 f-RDF 三元组 $(s\ p\ o)$ 是集合 $U \cup B$、U、$U \cup B \cup L$ 笛卡尔乘积 $(U \cup B) \times U \times (U \cup B \cup L)$ 的一个元素，即：$(s\ p\ o) \in (U \cup B) \times U \times (U \cup B \cup L)$。

定义 3.2　f-RDF 图（Fuzzy RDF Graph）G 是由 f-RDF 三元组组成的集合，在 f-RDF 图中每个三元组用一个"结点-边-结点"的连接表示。结点对应着主体和客体，以 URIref 或文字命名，若没名字则为匿名结点；结点之间的边用谓词 URIref 标识。f-RDF 图上所有三元组中出现的名字（即所有的 URIref 和文字）称为 f-RDF 图中的词汇 V（Vocabulary）。

下面参照文献[10]，给出模糊 RDF(S)（f-RDF(S)）语义，包括简单解释,f-rdf 解释、f-rdfs 解释,并给出 f-RDF(S)推理。

3.2.2.1 简单解释

定义 3.3 给定 f-RDF 图上词汇 V,简单解释 $I = ($IR, IP, IEXT, IS, IL$)$ 定义如下:

IR:资源的非空集合,称为解释 I 的论域;

IP:属性的集合;

IEXT:IP$\rightarrow 2^{\text{IR} \times \text{IR}}$,将属性映射为 <资源 资源> 的集合;

IS:URIref$\rightarrow$ IR$\cup$IP,将 V 中 URIref 映射为资源或属性;

IL:LT$\rightarrow$IR 将 V 中类型文字(包括模糊类型文字)映射为资源。

由上可知:对于某谓词 p,先通过 IS 映射为属性 IS(p),再由 IEXT 得到其外延 IEXT$($IS$(p)) \subseteq$ IR$\times$IR。通过这样的二次解释可以区分属性 IS(p) 与属性的外延 IEXT$($IS$(p))$。这显然不同于经典逻辑学中直接将二元谓词映射为论域上的二元关系。此外,f-RDF 图中一般都隐含有 IP$\subseteq$ IR,但简单解释中并未显式要求。

上面定义了 f-RDF 图的简单解释,但没有给出 f-RDF 图的真值判断方法,这就需要定义 f-RDF 图的指派。

定义 3.4 f-RDF 图的指派:

如果 E 是一个无类型文字,那么 $I(E) = E$;

如果 E 是一个(模糊)类型文字,那么 $I(E) = $ IL(E);

如果 E 是 URIref,则 $I(E) = $ IS(E);

如果 E 是不带匿名结点的三元组 $(s\ p\ o)$,当且仅当,$s \in V$、$p \in V$、$o \in V$、$I(p) \in$ IP,并且 $< I(s), I(o) > \in$ IEXT$(I(p))$ 时,$I(E) = $真,否则 $I(E) = $假;

如果 E 是 f-RDF 图,当且仅当,图 E 中存在某个三元组 E' 使得 $I(E') = $假时,$I(E) = $假,否则 $I(E) = $真。

定义 3.4 也称为简单解释的语义条件。如果一个解释给 f-RDF图赋值为真,则称这个解释满足这个 f-RDF 图。

由上述语义条件,可以判定一个三元组或一个 f-RDF 图的真假值。例如,图 3－1 是对词汇 $V = \{a, b, c\}$ 的一个简单解释 I,其中,$IS(a) = 1 \in IP$,$IS(b) = 1 \in IP$,$IS(c) = 2 \in IR$,$IP = \{1\}$,$IR = \{1, 2\}$,$IS(1)$ 的外延 $IEXT(1) = \{<1, 2>、<2, 1>\}$,因为 $<IS(a), IS(c)> \in IEXT(IS(b))$,所以,$I(a\ b\ c) = $ 真,即简单解释 I 满足 $(a\ b\ c)$。同理,由上面的简单解释 I 可以推出,$I(c\ b\ a) = $ 真,但是,$I(a\ c\ b) = $ 假。

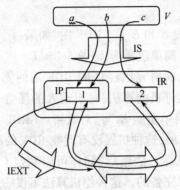

图 3－1　一个简单解释的例子

此外,对于非空的 f-RDF 图 G 可以如下定义一个简单的 Herbrand 解释,记做 $Herb(G)$。

定义 3.5　*Herb*(G) 包含:

$IR_{Herb(G)}$:在 G 中所有三元组的主体和客体位置上出现的名字和匿名结点;

$IP_{Herb(G)}$:在 G 中所有三元组的谓词位置上出现的 URIref;

$IEXT_{Herb(G)} = \{<s, o>: G$ 中包含三元组 $(s\ p\ o)\}$;

$IS_{Herb(G)}$:在 G 中所有 URIref 的恒等映射。

需要指出的是,f-RDF 图中的匿名结点只是表示某个事物存在,而不是一个未知的 URIref。对匿名结点的解释如下:

给定一个解释 I,首先要给出一个映射 A,把匿名结点映射到 I 中 IR 中的元素,定义 $I + A$ 为图的扩展解释。这样,对匿名结点的指派就是这个结点映射到的资源,一个包含匿名结点的图为真,当且仅当存在一个映射 A',使得图中的匿名结点替换成 A' 映射到的资源后得到的图为真。

对匿名结点的解释并没有改变简单解释的定义,只是扩展了指派的定义。匿名结点和其它结点的区别就在于它没有指派,这和它没有全局含义是一致的。

在给出 f-RDF 图的简单解释以后,就可以定义 f-RDF 图的简单蕴涵。

定义 3.6 设 S 和 E 是 f-RDF 图,如果每个满足 S 的简单解释都满足 E,称 S 简单蕴涵 E,记做 $S \mid= E$。

对 RDF 语义的研究已经证明 RDF 图的简单蕴涵是可判定的,即存在一个能停机的算法,对于输入的任意 RDF 图 E_1 和 E_2,都可以得到"E_1 简单蕴涵 E_2"是对或错。f-RDF 是普通 RDF 或经典 RDF 的模糊扩展,这种扩展没有改变 RDF 的模型论思想,事实上,在定义了停机算法法则后,同样可以判定 f-RDF 图的蕴涵问题,且系统是可靠完备的。这种停机算法不仅适用于简单蕴涵,对于下面提及的 f-rdf 蕴涵和 f-rdfs 蕴涵,适当扩展算法法则后也同样可行。

简单解释和简单蕴涵并未要求对 f-RDF 图上的任何名字赋予特定含义,而事实上 f-RDF 图中确实存在一些特殊词汇,因此下面对 RDF 词汇和 RDFS 词汇分别新增语义条件和公理三元组,进而给出 f-rdf 解释、f-rdfs 解释和 f-rdf 蕴涵、f-rdfs 蕴涵。

3.2.2.2 f-rdf 解释

f-RDF 图中的 RDF 词汇(rdf$V$)是一组以"rdf:"为命名空间的 URIref,包括 rdf:type 和 rdf:Property 等,rdf:type 是一个谓词 URIref,用于连接一个资源与其所属的类。

词汇 V 的 f-rdf 解释是在词汇($V \cup$ rdf$V$)上的简单解释 I,同时要求满足新增的语义条件和公理三元组,如:

语义条件:$x \in$ IP 当且仅当 $< x, I(\text{rdf:Property}) > \in$ IEXT(I

（rdf：type））

公理三元组：rdf：type rdf：type rdf：Property

在 f-rdf 解释中，语义条件明确要求 $IP \subseteq IR$，这是因为：对于任何 $x \in IP$，有 $< x, I(\text{rdf：Property}) > \in IEXT(I(\text{rdf：type}))$，而简单解释中有 $IEXT：IP \rightarrow 2^{IR \times IR}$，所以 $x \in IR$。

虽然上述的公理三元组是一个典型的 RDF 递归现象，但外延语义对此有很好的诠释：因为是公理，所以恒真，即 $I(\text{rdf：type rdf：type rdf：Property}) = $ 真。根据简单解释的语义条件，可得 $I(\text{rdf：type}) \in IP$ 并且 $< I(\text{rdf：type}), I(\text{rdf：Property}) > \in IEXT(I(\text{rdf：type}))$，这正好与 f-rdf 解释的语义条件吻合。简言之，主体 rdf：type 和客体 rdf：Property 之间的关系解释属于谓词 rdf：type 所代表的属性的外延，所以允许 $I(\text{rdf：type})$ 出现在 $I(\text{rdf：type})$ 的外延中。

定义 3.7　设 S 和 E 是 f-RDF 图，如果每个满足 S 的 f-rdf 解释都满足 E，称 S f-rdf 蕴涵 E，记做 $S |=_{\text{frdf}} E$。

3.2.2.3　f-rdfs 解释

f-RDFS 在 f-RDF 的基础上拥有更多的词汇，称为 rdfsV，其 URIref 都是以"rdfs："为命名空间，如：rdfs：domain、rdfs：range、rdfs：Resource、rdfs：Class、rdfs：subClassOf、rdfs：SubPropertyOf 等。在 f-RDFS 中，如果三元组的谓词为 rdf：Type，那么该三元组的客体就称为类，形如（主体 rdf：type 类）。类是有成员的资源（其成员就是该三元组的主体），如 rdfs：Class 是所有类的类，而 rdfs：Resource 是所有资源的类。

词汇 V 的 f-rdfs 解释是在词汇 $V \cup \text{rdfV} \cup \text{rdfs}V$ 上的 f-rdf 解释 I，同时要求满足更多语义条件和公理三元组，如：

语义条件：

① $x \in ICEXT(y)$ 当且仅当 $< x, y > \in IEXT(I(\text{rdf：type}))$；

② $IC = ICEXT(I(\text{rdfs：Class}))$；

③ $IR = ICEXT(I(\text{rdfs：Resource}))$；

④ 如果 $< x, y > \in IEXT(I(\text{rdfs：domain}))$ 且 $< u, v > \in IEXT$

(x)，那么 $u \in \text{ICEXT}(y)$；

⑤ 如果 $< x, y > \in \text{IEXT}(I(\text{rdfs:range}))$ 且 $< u, v > \in \text{IEXT}(x)$，那么 $v \in \text{ICEXT}(y)$；

⑥ 如果 $< x, y > \in \text{IEXT}(I(\text{rdfs:subClassOf}))$，那么 $x \in \text{IC}$、$y \in \text{IC}$ 且 $\text{ICEXT}(x) \subseteq \text{ICEXT}(y)$；

⑦ 如果 $< x, y > \in \text{IEXT}(I(\text{rdfs:subPropertyOf}))$，那么 $x \in \text{IP}$、$y \in \text{IP}$ 且 $\text{IEXT}(x) \subseteq \text{IEXT}(y)$；

⑧ $\text{IEXT}(I(\text{rdfs:subClassOf}))$ 在 IC 上具有传递性和自反性；

⑨ $\text{IEXT}(I(\text{rdfs:subPropertyOf}))$ 在 IP 上具有传递性和自反性；

⑩ 如果 $x \in \text{IC}$，那么 $< x, I(\text{rdfs:Resource}) > \in \text{IEXT}(I(\text{rdfs:subClassOf}))$。

公理三元组：（仅举几例）

① rdf:type	rdfs:domain	rdfs:Resource
② rdf:type	rdfs:range	rdfs:Class
③ rdfs:domain	rdfs:range	rdfs:Class
④ rdfs:subClassOf	rdfs:domain	rdfs:Class
⑤ rdfs:subClassOf	rdfs:range	rdfs:Class
⑥ rdfs:subPropertyOf	rdfs:domain	rdf:Property
⑦ rdfs:subPropertyOf	rdfs:range	rdf:Property

f-rdfs 解释将所有类组成的集合称之为 IC，并定义 ICEXT：$\text{IC} \to 2^{\text{IR}}$ 为类的外延映射。这样，给定某客体 $o \in \text{URIref}$，出现在谓词为 rdf:type 的三元组里，首先被 IS 映射为类 $\text{IS}(o) \in \text{IC}$，再由 ICEXT 得到其外延 $\text{ICEXT}(\text{IS}(o)) \subseteq \text{IR}$，即属于这个类的所有资源的集合，这种处理方法与对属性的处理方法相类似，借此技巧将类与类的外延进行严格区分。

此外，f-rdfs 解释通过 rdfs:subClassOf 和 rdfs:subPropertyOf 分别刻画了类之间和属性之间的层次关系，而 rdfs:domain 和 rdfs:range 用于描述了属性的定义域和值域，形如："子类 rdfs:subClassOf 父类"，"子属性 rdfs:subPropertyOf 父属性"，"属性 rdfs:domain

类","属性 rdfs:range 类"。

定义 3.8　设 S 和 E 是 f-RDF 图,如果每个满足 S 的 f-rdfs 解释都满足 E,称 S f-rdfs 蕴涵 E,记做 $S \mid =_{\text{frdfs}} E$。

3.2.2.4　f-RDF(S)推理

模型论语义本身并没有直接提供一个计算机可以操作的方式,它只是提供了一种形式化的语义蕴涵定义,还需要证明论方法让计算机可以做推理。f-RDF 的证明论基于公理化系统:即定义一些公理三元组,再定义相应的推理规则。

设 G 是 f-RDF 图,所有推理规则都具有如下形式:$\dfrac{A}{B}$,其中上半部分为前件,由一个或多个三元组 $(s\ p\ o) \in G$ 组成,下半部分为后件。推理规则可以分为 6 组,1)描述了简单蕴涵的语义,即简单推理规则;2)、3)分别描述了子属性 sp(subproperty)和子类 sc(subclass)的推理规则;4)描述了 dom(定义域)和 $range$(值域)的推理规则;5)、6)分别描述了子属性 sp 和子类 sc 自反性(reflexivity)推理规则。利用这些推理规则,可以从一个 f-RDF 图中获得更多的信息。

1) 简单蕴涵:

(1) $\dfrac{G}{G'}$,其中 $G' \subseteq G$　　(2) $\dfrac{G}{G_i}$,其中 G_i 是 G 的一个实例

2) 子属性:

(1) $\dfrac{(a, type, property)}{(a, sp, a)}$　　(2) $\dfrac{(a, sp, b)(b, sp, c)}{(a, sp, a)}$

(3) $\dfrac{(a, sp, b)(x, a, y)}{(x, b, y)}$

3) 子类:

(1) $\dfrac{(a, type, class)}{(a, sc, a)}$　　(2) $\dfrac{(a, sc, b)(b, sc, c)}{(a, sc, c)}$

(3) $\dfrac{(a, sc, b)(x, type, a)}{(x, type, b)}$

4）定义域、值域：

(1) $\dfrac{(a,dom,b)(x,a,y)}{(x,tape,b)}$ (2) $\dfrac{(a,range,b)(x,a,y)}{(y,type,b)}$

5）子属性自反性：

(1) $\dfrac{(x,a,y)}{(a,sp,a)}$ (2) $\dfrac{(a,sp,b)}{(a,sp,a)(b,sp,b)}$

(3) $\dfrac{(a,p,x)}{(a,sp,a)}$ ，其中，$p \in \{dom,range\}$

6）子类自反性：

(1) $\dfrac{(a,sc,b)}{(a,sc,a)(b,sc,b)}$

(2) $\dfrac{(x,p,b)}{(a,sc,a)}$ ，其中，$p \in \{dom,range,type\}$

下面给出一个有关 subClassOf 关系的推理过程，如图 3 - 2 所示。

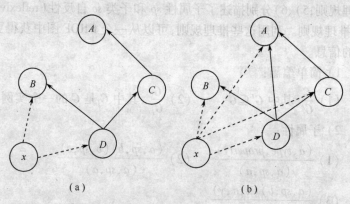

图 3 - 2 f-RDF(S)推理过程

（a）原始模型；（b）应用推理规则得出的模型。

图 3 - 2(a)所示的原始模型中定义了 A、B、C、D 共 4 个类，x 是一个实例。图中的虚线箭头表示 rdf:type 关系，这是一种实例关系，即表示 x 分别是 B 和 D 的一个实例；实线箭头表示 subClassOf 关系,即子类关系,表示 D 是 B 和 C 的子类,C 是 A 的子类。在 *f-RDF(S)* 推理规则 3)中,规则(2)定义了子类关系的传递性,应用该规则,由"D subClassOf C","C subClassOf A",可推出"D subClassOf A"。

由 f-RDF(S) 推理规则 3)中的规则(3),可推出 x 也是 A 和 C 的实例。经过推理之后得到的模型如图 3 – 2(b)所示,相比原始模型,应用推理规则得出的模型中的关系表达更为丰富。由于严格按照推理规则进行推理,所以也保证了图 3 – 2(b)所示的模型的有效性。

3.3 OWL 的模糊扩展

为了适应 Web 的开放性并与 RDF(S)兼容,W3C 制订了 Web 本体语言标准 OWL(Web Ontology Language)。OWL 以描述逻辑为理论基础,使用基于 XML 的 RDF 语法规范,即 RDF/XML 语法,同时采用框架语言作为抽象语法。为了应用的需要,OWL 提供了三种表达能力递增的子语言,即 OWL Lite、OWL DL、OWL Full。相比较而言,OWL DL 兼顾了语言的表达能力和计算的完备性和可判定性。目前的 OWL 语言(下面若无特殊说明,一般是指 OWL DL)同样具有局限性,只能处理精确和完备的知识。OWL 语言的这种局限性,严重制约了它在实际中的应用,W3C 语义网最佳实践和部署工作组(W3C Semantic Web Best Practices and Deployment Working Group,SWBPD)已经制定了一项课题致力于解决 OWL 表达能力中存在的问题。

OWL 基于 RDF 的数据类型。前面通过利用 RDF 数据类型机制,对 RDF 数据类型进行了模糊扩展,给出了模糊数据类型的表示方法,进而提出 f-RDF(S),能够表示模糊数据类型信息,并对其进行处理。本节在 f-RDF(S)的基础上,研究利用模糊逻辑对 OWL 进行模糊扩展。通过向 OWL 中引入隶属度,并参考 OWL 的 RDF/XML 格式的语法形式,重新编码 OWL 中的描述算子,从而能够表示模糊本体的知识与数据,并将模糊扩展后的 OWL 称为模糊 OWL(f-OWL)。

为了克服经典 OWL 中的缺陷与不足,f-OWL 应该满足以下要求:

(1) f-OWL 要克服现有 OWL 在模糊数据类型表示方面存在的不足,提供对模糊数据类型及模糊类型文字的支持。

(2) f-OWL 应该与现有的 OWL 语法规范兼容。即现有的用 OWL 语法规范描述的本体文档,可以转换为 f-OWL 语法描述的文档。

f-OWL 的逻辑基础是模糊描述逻辑,模糊描述逻辑系统具有清晰的基于解释的模型论语义。下面基于 f-RDF(S),以模糊描述逻辑的形式给出 f-OWL 的语法和语义,并使 f-OWL 满足上述要求。

3.3.1 模糊 OWL 语法

描述逻辑中,最基本的描述是概念(Concept)、关系(Role),概念表示一些个体的集合,关系表示个体之间的二元关系。复杂的描述是由基本的原子概念和原子关系通过构造子形成。从 OWL 数据建模的观点看,概念(Concept)对应 OWL 的类(Class),关系(Role)对应 OWL 的属性(Property)。

从模糊集合的角度看,普通概念是模糊概念的特例。所以 OWL 中的各种类描述可以很自然地推广到模糊概念情况。假定 fowl(fuzzy OWL)是模糊本体的命名空间,则各种公理采用和 OWL 相似的表示方式,只是加上 fowl 的命名空间。下面给出 f-OWL 公理的定义。

定义 3.9 设 C、C_1、C_2 是类,R、R_1、R_2 是属性,a、b 是个体,f-OWL 有以下公理:

类公理:$C_1 \sqsubseteq C_2 \geqslant n$,$C_1 \sqsubseteq C_2 \leqslant n$,$C_1 \sqsubseteq C_2 > n$,$C_1 \sqsubseteq C_2 < n$;

属性公理:$R_1 \sqsubseteq R_2 \geqslant n$,$R_1 \sqsubseteq R_2 \leqslant n$,$R_1 \sqsubseteq R_2 > n$,$R_1 \sqsubseteq R_2 < n$,$R_1 \equiv R_{2(}$(反属性),$R^+ \sqsubseteq R$(传递属性),$R \equiv R^-$(对称属性),$T \sqsubseteq$

$1R$(函数属性),$T \sqsubseteq \leqslant 1 \ R^{-}$(逆函数属性);

个体公理:$a : C \geqslant n, a : C \leqslant n, a : C > n, a : C < n, (a,b) : R \geqslant n, (a,b) : R \leqslant n, (a,b) : R > n, (a,b) : R < n, \{a\} \equiv \{b\}$(个体相同),$\{a\} \equiv \neg (\{b\})$(个体不同)。

按照以上的定义可知,f-OWL 将 OWL 进行了基于类、属性、个体的模糊扩展。

3.3.2 模糊 OWL 语义

定义 3.10 f-OWL 的语义解释是一个二元组 $I = (\Delta^I, \cdot^I)$,由一个非空的解释域 Δ^I 和一个模糊解释函数 $\cdot^I$ 构成,其中模糊解释函数定义如下:

(1) 将概念 C 映射为隶属度函数 $C^I : \Delta^I \to [0,1]$;

(2) 将属性 R 映射为隶属度函数 $R^I : \Delta^I \times \Delta^I \to [0,1]$;

(3) 将不同个体映射成为 Δ^I 中的不同元素。

此外,对于所有 $x, y \in \Delta^I$ 模糊解释函数必须满足下面语义等式:

$$\top^I(x) = 1$$
$$\bot^I(x) = 0$$
$$(C_1 \sqcap C_2)^I(x) = C_1^I(x) \wedge C_2^I(x)$$
$$(C_1 \sqcup C_2)^I(x) = C_1^I(x) \vee C_2^I(x)$$
$$(\neg C)^I(x) = 1 - C^I(x)$$
$$(C_1 \sqsubseteq C_2)^I(x) = C_1^I(x) = C_2^I(x)$$
$$(\exists R. C)^I(x) = \sup_{y \in \Delta^I}(R^I(x,y) \wedge C^I(y))$$
$$(\forall R. C)^I(x) = \inf_{y \in \Delta^I}(R^I(x,y) \to C^I(y))$$
$$(\geqslant nR)^I(x) = \sup_{y_1, \cdots, y_n \in \Delta^I}(\wedge_{i=1}^{n}(R^I(x,y_i)))$$
$$(\leqslant nR)^I(x) = 1 - (\geqslant (n+1) R)^I(x)$$
$$\{a_1, \cdots, a_n\}^I(x) = \vee_{i=1}^{n}(a_i^I = x)$$
$$(a : C)^I = C^I(a^I)$$
$$((a,b) : R)^I = R^I(a^I, b^I)$$

$$(R_1 \sqsubseteq R_2)^I = R_1^I(x,y) = R_2^I(x,y)$$

$$R_I(x,y) = (R^-)^I(y,x)$$

$$(\top \sqsubseteq = 1\, R)^I = \forall x \in \Delta^I \inf_{y_1,y_2 \in \Delta^I} R^I(x,y_1) \vee R^I(x,y_2) = 1$$

$$(\top \sqsubseteq = 1\, R^-)^I = \forall x \in \Delta^I \inf_{y_1,y_2 \in \Delta^I} R^{-1}(x,y_1) \vee R^{-1}(x,y_2) = 1$$

$$\mathrm{Trans}(R) = \sup_{y \in \Delta^I} R^I(x,y) \wedge R^I(y,z) = R^I(x,z)$$

f-OWL 基于 f-RDF(S) 的数据类型机制,所以 f-OWL 支持模糊数据类型及模糊类型文字的表示。表 3-1 定义了 f-OWL 的模糊类型文字表达式的语法及语义。其中, $u, u_1, \cdots, u_n$ 是模糊类型文字的 URI 引用, E_1、E_2 是形如 "s" ^^ d 的模糊类型文字表达式。进而, f-OWL 提供了一些新的关于模糊数据类型的类描述,如表 3-2 所示。其中, T 是模糊数据类型属性, E 是模糊类型文字表达式。

表 3-1　f-OWL 的模糊类型文字表达式语法及语义

f-OWL 语法	语　义
rdfs:Literal	Δ^D
DatatypeBottom	$\varnothing$
u	u^D
not(u)	$1 - u^D$
oneOf ("s_1"^^$d_1, \cdots,$ "s_n"^^d_n)	$\{("s_1"\,{}^{\wedge\wedge}d_1)^D\} \cup \cdots \cup \{("s_n"\,{}^{\wedge\wedge}d_n)^D\}$
domain ($u_1, \cdots, u_n$)	$u_1^D \times \cdots \times u_n^D$
and (E_1, E_2)	$E_1^D \cap E_2^D$
or (E_1, E_2)	$E_1^D \cup E_2^D$

此外,对于域中个体属于相应模糊概念的范围,可以用该模糊概念的隶属度函数来表示,但 OWL 语言中没有对应成分,需要重新定义。为了表示模糊本体中的单一个体和复数个体,分别定义词汇 fowl:individual 和 fowl:individuals 与之对应,它们有属性词 fowl:name,其值用来限制个体名,如果表示复数个体,该属性词出现的次数和复数个体数相同。另外定义词汇 fowl:membershipOf,表示对象属于某一概念(原子概念或类描述)的程度,与该词相匹

配的 4 个范围词分别是 fowl：moreorEquivalent、fowl：lessorEquivalent、fowl：moreThan、fowl：lessThan，依次表示 $\geqslant$，$\leqslant$，$>$，$<$ 这样的约束限制。如果对象所属的是原子概念，则该原子概念可作为属性词 rdf：resource 的值出现，否则表示概念的类描述要作为内嵌元素。具体使用如下所示。

表 3 - 2　f-OWL 的模糊数据类型类描述语法及语义

f-OWL 语法	语　义
restriction（｛T｝ someTuplesSatisfy（E））	$\{x \in \Delta^I \mid \exists t_1, \cdots, t_n (x, t_i) \in T_i^I (1 \leqslant i \leqslant n) \wedge (t_1, \cdots, t_n) \in E^D\}$
restriction（｛T｝ allTuplesSatisfy（E））	$\{x \in \Delta^I \mid \forall t_1, \cdots, t_n (x, t_i) \in T_i^I (1 \leqslant i \leqslant n) \rightarrow (t_1, \cdots, t_n) \in E^D\}$
restriction（｛T｝ minCardinality（m） someTuplesSatisfy（E））	$\{x \in \Delta^I \mid \#\{(t_1, \cdots, t_n) \mid (x, t_i) \in T_i^I (1 \leqslant i \leqslant n) \wedge (t_1, \cdots, t_n) \in E^D\} \geqslant m\}$
restriction（｛T｝ maxCardinality（m） someTuplesSatisfy（E））	$\{x \in \Delta^I \mid \#\{(t_1, \cdots, t_n) \mid (x, t_i) \in T_i^I (1 \leqslant i \leqslant n) \wedge (t_1, \cdots, t_n) \in E^D\} \leqslant m\}$

例 3.1　如果要表示个体 a 属于类 A 的隶属度大于等于 n，即 $A(a) \geqslant n$，则用基于 RDF/XML 格式的 f-OWL 语法表示为

　　< fowl：individual fowl：name = "a" >
　　　　< fowl：membershipOf rdf：resource = "#A"/ >
　　　　< fowl：moreOrEquivalent fowl：value = n/ >
　　</ fowl：individual >

例 3.2　如果要表示个体 a、b 属于对象属性 R 的隶属度大于等于 n，即 $R(a,b) \geqslant n$，则用基于 RDF/XML 格式的 f-OWL 语法表示为

　　< fowl：individuals fowl：name = "a" fowl：name = "b" >
　　　　< fowl：membershipOf rdf：resource = "#R"/ >
　　　　< fowl：moreOrEquivalent fowl：value = n/ >
　　</ fowl：individuals >

例 3.3　假设在某地区做社会调查：年龄在 6 岁左右的学龄儿童或者是老年人某种疫苗的接种情况。这里，"6 岁左右"和

"老年"都是模糊概念,这超出了经典 OWL 的表达能力。但是,根据表 3 – 1 及表 3 – 2 中给出的 f-OWL 语法规范,可以用 f-OWL 表示和解决,上述查询要求描述如下:

```
< fowl : Class rdf : ID = "person"/ >
< fowl : restriction >
    < fowl : DatatypeProperty    rdf : ID = "age" >
    < fowl : someTuplesSatisfy >
      < fowl : or    rdf : parseType = "collection" >
        < fowl : datatype = "&fd ; approx"    rdf : ID = "6"/ >
        < fowl : datatype = "&fd ; tag"    rdf : ID = "old"/ >
      </ fowl : or >
    </ fowl : someTuplesSatisfy >
</ fowl : restriction >
```

根据 3.2.1 对模糊数据类型的分类,"age"作为模糊数据类型属性,属于类型 1 模糊属性,模糊数据"6 岁左右"表示一个大约值,属于 Approx 类型,模糊数据"old"为语言常量,属于 Tag 类型,在 f-OWL 中需要以模糊类型文字的形式描述。此外,要表示语义"6 岁左右或者是老年",需要利用表 3.1 中模糊数据类型表达式中的析取表达式。

模糊集合理论认为,模糊集合中的每个元素都具有隶属度,而经典集合中的元素隶属度仅有两种情况,"0"或者"1"。经典集合是模糊集合的一种特殊情况,因此,可以将经典的 OWL 文档转换成 f-OWL 文档,实现两者表示上的统一。基于文献[83]中的转换规则,对其进行扩展研究,推广至一般 OWL 文档到 f-OWL 文档的转换。详细转换规则描述如下:

(1) 每个简单类、复杂类(交(Intersection)、并(Union)、补(Complement)、等价(Equivalence))和匿名类(用 Restriction 定义)转换成对应的模糊简单类、模糊复杂类和模糊匿名类;

(2) 类的层次结构(subClassOf)转换成对应的模糊包含;

(3) 每个类的实例转换成模糊类声明的形式,其中的隶属度值≥1;

（4）每个对象属性或数据类型属性，转换成对应的模糊对象属性或模糊数据类型属性，每个属性的实例转换成模糊属性声明，其中的隶属度值≥1；

（5）OWL 中的简单数据类型约束，转换成表 3-1 中相应的模糊数据类型表达式约束，其中的隶属度值≥1。

通过上述 5 条转换规则，可以将经典的 OWL 文档转换成 f-OWL 文档，进而实现表示方式的统一。

本节在 f-RDF(S)基础上扩展的 f-OWL 具备了表示和处理模糊数据类型信息的能力，并与 OWL 现有的数据类型表示机制以及 OWL 语法规范兼容。所以，扩展后的 f-OWL 符合上文提出的扩展要求，是有效的扩展。

3.4　模糊 OWL 本体

f-RDF(S)能够解决模糊数据类型信息的表示和处理问题，在此基础上，提出的 f-OWL 奠定了描述模糊本体的语言基础。这样，可以通过 f-OWL 语言描述语义 Web 中的模糊本体，即模糊 OWL 本体。模糊 OWL 本体的模糊性主要表现在如下三个方面。

（1）属性值的模糊性：类的属性值可以取模糊值，这种属性值的模糊性表现在模糊 OWL 本体数据类型属性方面。

（2）实例的模糊性：一个类的模糊属性值导致了类边界的模糊性，所以，一个实例是否属于一个类，或者属于某个类的程度要通过一个隶属度来描述，这种模糊性表现在模糊 OWL 本体实例方面。

（3）类之间关系的模糊性：类边界的模糊性导致难以构造精确的类之间的关系，所以，两个类或实例是否属于某个二元关系需要通过一个隶属度来描述，这种模糊性表现在模糊 OWL 本体对象属性方面。

下面基于模糊 OWL 本体的模糊性，给出模糊 OWL 本体的形式化定义。

定义 3.11 一个模糊 OWL 本体 FO 是一个四元组 $FO = \{C, I, P, X\}$，其中：

C 是类的集合，其中 $Root \in C$ 为根类，一个模糊 OWL 本体有且只有一个根类。模糊 OWL 本体中所有的类通常构成一个分类层次，每个类 $c \in C$ 由作用到该类上的所有属性来描述。

I 是实例的集合，表示属于某个类的基本元素或具体实体，并且一个实例 i 对相应的类 c 带有一个隶属度 $\mu_c(i) \in [0,1]$，表示实例 i 对于类 c 的隶属度。

$P = OP \cup DP$，是属性的集合，一个属性是一个二元关系。其中，OP 表示对象属性（Object Property），DP 表示数据类型属性（Datatype Property）。

一个对象属性 $op(i_1, i_2) \in OP$ 表示两个实例 i_1 和 i_2 之间的关系，这两个实例分别属于不同的类，一个对象属性可以带有一个隶属度 $\mu_{op}(i_1, i_2) \in [0,1]$，表示实例 i_1 和 i_2 对于对象属性 op 的隶属度。

一个数据类型属性 $dp(i, DT) \in DP$ 表示是实例 i 的属性，数据类型属性的值域 $DT = Literal \cup XSD \cup FD$，即 RDF 文字（Literal）、XML Schema 数据类型（XSD）以及模糊数据类型（FD）。

X 是公理的集合，表示定义在类和属性上的限制。

由模糊 OWL 本体的定义可知，模糊 OWL 本体包括模糊 OWL 本体结构和实例两部分，其中，模糊 OWL 本体的结构包括类、属性及其公理。

3.5 本章小结

语义 Web 领域和本体应用中存在大量的模糊知识，为了有效地表示和处理这些模糊知识，语义 Web 需要具备能够表示和处理模糊知识的语言基础。本体应用中的模糊知识建立在大量模糊数据基础之上，为准确描述这些模糊数据，需要根据模糊数据模糊性的表现形式为每个模糊数据赋予相应的数据类型。OWL 作为描述语义 Web 本体的语言标准,基于 RDF 数据类型,所以,对 RDF 数据类型进行模糊扩展,是使用 OWL 语言描述本体中模糊数据的前提。鉴于此,本章首先利用 RDF 数据类型机制,对 RDF 数据类型进行了模糊扩展,给出模糊数据类型的表示方法,实现了对模糊数据类型信息的表示和处理;进而,提出模糊 RDF(S)(f-RDF(S)),并给出 f-RDF(S)语义;然后,基于 f-RDF(S),对本体层语言 OWL 进行了模糊扩展,提出模糊 OWL(f-OWL),给出 f-OWL 的语法和语义,并参考 OWL 的 RDF/XML 语法形式,对 f-OWL 中的描述算子重新编码,从而能够表示模糊本体中的知识与数据;最后,通过介绍模糊 OWL 本体的模糊性,给出模糊 OWL 本体的形式化定义。

第4章 基于模糊 EER 模型的模糊 OWL 本体的构建

对语义 Web 的数据层语言 RDF(S) 和本体层语言 OWL 的模糊扩展,奠定了构建模糊 OWL 本体的语言基础。模糊 OWL 本体是使 Web 具有模糊语义的关键技术,语义 Web 能否实现表示和处理模糊知识的目标,很大程度上依赖于模糊 OWL 本体的构建。鉴于手工构建模糊 OWL 本体的不足,本章提出利用模糊数据库模型构建模糊 OWL 本体,这是开发模糊 OWL 本体的有效途径。本章在给出模糊 EER 模型的形式化定义后,研究利用模糊 EER 模型构建模糊 OWL 本体的方法。

4.1 节介绍引入模糊数据库模型来构建模糊 OWL 本体的原因;4.2 节给出模糊 EER 模型的形式化定义;4.3 节分析了基于模糊 EER 模型构建模糊 OWL 本体的可行性;4.4 节研究基于模糊 EER 模型构建模糊 OWL 本体的方法,包括构建模糊 OWL 本体的步骤、转换规则和算法;4.5 节是对本章的小结。

4.1 引　言

近年来,随着语义 Web 的发展,有大量研究致力于模糊本体的构建,这些方法主要支持的是手工构建方式,由于手工方法费时、费力,使得模糊本体的构建成为一项艰巨的任务。因此,利用相关技术自动或半自动地从现有数据资源获取期望的模糊本体是开发模糊本体的有效途径,目前这方面的研究成果非常少。鉴于模糊数据库模型在模糊数据表示和处理方面的优势,本章研究基于模糊数据库模型构建模糊 OWL 本体的方法。

根据应用的不同目的,可以将模糊数据库模型划分为两类,它们分别属于两个不同层次。第一类是模糊概念模型,它是按用户的观点对数据建模,其中以模糊 ER/EER 模型为代表;第二类是模糊数据模型,它是按计算机系统的观点对数据建模,其中以模糊关系模型为代表。不论是从用户的角度,还是机器实现的角度,二者都是对客观世界的一种抽象,因此也是构建模糊 OWL 本体的基础。

本书针对模糊数据库模型的两个层次,将模糊 OWL 本体构建方法分为两大类:即基于模糊概念模型的模糊 OWL 本体构建方法和基于模糊关系模型的模糊 OWL 本体构建方法。本书第 4 章研究基于模糊 EER 模型的模糊 OWL 本体构建方法,第 5 章研究基于模糊关系数据库的模糊 OWL 本体构建方法。

4.2　模糊 EER 模型

借鉴文献[70,118]中模糊 ER 模型模糊性的思想,模糊 EER 模型可以具有三个层次的模糊性。第一层,允许实体型、联系或属性具有模糊性;第二层,允许实体型或联系的实例具有模糊性;第三层,允许属性值具有模糊性。此外,EER 模型中的概化、特化、范畴、共享子类和聚集等也可以具有模糊性。

定义 4.1　一个模糊 EER 模型是一个三元组 f-EER = (E, R, A),其中,E 是所有实体型的集合,R 是所有实体型之间联系的集合,A 是所有属性的集合。设 D_E 是实体型集合 E 的域,D_A 是属性集 A 的域,则模糊 EER 模型的形式化定义如下:

模型 EER 模型第 1 个层次的模糊性允许实体型 E、联系 R 或属性 A 具有模糊性,即:

$$E = \{E / \mu_E(E) \mid E \text{ 是域 } D_E \text{ 中的一个实体型}, \mu_E(E) \in [0, 1]\}$$

$$R = \{R / \mu_R(R) \mid R \text{ 是域 } D_E \text{ 中的实体型之间的一个联系}, \mu_R$$

$(R) \in [0,1]$

$A = \{A / \mu_A(A) \mid A$ 是实体型或联系的一个属性$, \mu_A(A) \in [0,1]\}$

其中$, \mu_E \mu_R \mu_A$ 分别表示模糊集 E、R、A 的隶属函数，即这些集合中的元素对相应集合的隶属度。

模糊 EER 模型第 2 个层次的模糊性允许实体型或联系的实例具有模糊性，即：

$E = \{e / \mu_E(e) \mid e$ 是实体型 E 的一个实例$\}$

$R = \{r / \mu_R(r) \mid r$ 是联系 R 的一个实例$\}$

其中$, \mu_E(e)$ 表示 e 属于 E 的隶属度$, \mu_R(r)$ 表示 r 属于 R 的隶属度。

模糊 EER 模型第 3 个层次的模糊性允许属性值是模糊的，设 $v(A)$ 是属性 A 的值，则：

$$v(A) \in F(D_A)$$

即，属性 A 的值是域 D_A 上的一个模糊集。

4.2.1 模糊概化和特化

在 EER 模型中，实体型之间的超类/子类关系可以描述为概化/特化关系。一个特化 $Z = \{S_1, S_2, \cdots, S_n\}$ 是一个子类的集合，这些子类拥有同一个超类 G，即 $G/S_i (i = 1, 2, \cdots, n)$ 是超类/子类关系，G 称为子类 $\{S_1, S_2, \cdots, S_n\}$ 的概化。如果 $\bigcup_{i=1}^{n} S_i = G$，则称 Z 是全部特化(total)，否则称 Z 是部分特化(partial)；如果 $S_i \cap S_j = \varnothing (i \neq j)$，则称 Z 是分离特化(disjoint)，否则称 Z 是重叠特化(overlapping)。

在模糊 EER 模型中，如果有一个实体型(也可以将之称为类)具有模糊性，并且该类与其它类之间存在继承关系，那么这种继承关系也具有模糊性，此时需要用隶属度(取值介于[0,1]之间)来描述这种模糊子类/超类关系。

定义 4.2 在模糊 EER 模型中，论域 U 上的两个模糊类 G 和

S,对于给定阈值 $\beta \in (0,1]$,若满足

$$(\forall e)(e \in U \wedge \mu_G(e) \geq \mu_S(e) \geq \beta)$$

则称 S 是 G 的一个子类。其中,e 是论域 U 上的 G 和 S 的实例(也就是一个实体),$\mu_G(e)$ 和 $\mu_S(e)$ 分别表示 e 属于类 G 和 S 的隶属度。

上述定义说明,在模糊 EER 模型中,子类 S 是超类 G 的一个带有隶属度的子类,该隶属度是实体实例属于子类的隶属度中的最小值,为避免较小的隶属度,将给定的阈值用做计算阈值。

定义 4.3　在模糊 EER 模型中,设 G 是模糊类,若 $\{S_1, S_2, \cdots, S_n\}$ 是 G 的一个模糊特化,则:

$$(\forall e)(e \in U \wedge \mu_G(e) \geq \max(\mu_{S_1}(e), \mu_{S_2}(e), \cdots, \mu_{S_n}(e)) \geq \beta)$$

其中 $\mu_G, \mu_{S_1}, \mu_{S_2}, \cdots, \mu_{S_n}$ 分别表示模糊超类 G、模糊子类 S_1,$S_2, \cdots, S_n$ 的隶属函数。

模糊特化说明,一个实体实例属于任意一个模糊子类的隶属度必须小于等于该实体实例属于超类的隶属度。

定义 4.4　在模糊 EER 模型中,$\{S_1, S_2, \cdots, S_n\}$ 是类 G 的全部模糊特化,当且仅当:

$$(\forall e)(\exists S)(e \in G \wedge S \in \{S_1, S_2, \cdots, S_n\} \wedge \mu_G(e) \geq \mu_S(e) \geq \beta)$$

全部模糊特化说明,任意一个属于超类的实体实例,一定属于某个子类,并且该实体实例属于超类的隶属度必须大于等于该实体实例属于子类的隶属度。

定义 4.5　在模糊 EER 模型中,$\{S_1, S_2, \cdots, S_n\}$ 是类 G 的部分模糊特化,当且仅当:

$$(\exists e)(\forall S)(e \in G \wedge S \in \{S_1, S_2, \cdots, S_n\}$$
$$\wedge \mu_G(e) \geq \beta \wedge \mu_S(e) = 0)$$

部分模糊特化说明,存在一个实体实例,它属于超类的隶属度大于给定阈值,但不属于任何一个子类。

定义 4.6　在模糊 EER 模型中,若 $\{S_1, S_2, \cdots, S_n\}$ 是类 G 的分离模糊特化,则不会存在一个 e $(e \in G \wedge \mu_G(e) \geq \beta)$,使得对于任意的 S_i 和 S_j $(i, j \in \{1, 2, \cdots, n\}, i \neq j)$,满足 $\min(\mu_{S_i}(e), \mu_{S_j}(e)) \geq \beta$。

分离模糊特化说明,对于属于超类的一个实体实例,它不会同时属于任意两个不同子类。

定义 4.7 在模糊 EER 模型中,若 $\{S_1, S_2, \cdots, S_n\}$ 是类 G 的重叠模糊特化,则至少存在一个 e $(e \in G \wedge \mu_G(e) \geqslant \beta)$,使得对于任意的 S_i 和 $S_j (i, j \in \{1, 2, \cdots, n\}, i \neq j)$,满足 $\min(\mu_{S_i}(e), \mu_{S_j}(e)) \geqslant \beta$。

重叠模糊特化说明,至少存在一个属于超类的实体实例,它同时属于多个子类。

4.2.2 模糊范畴

在某些情况下,一个子类可能有两个或更多个超类,多个超类分别代表不同的实体型,属于子类的实体实例只能属于一个超类,这样的子类称为范畴,它是所有超类并集的子集。

定义 4.8 在模糊 EER 模型中,设 T 是超类 $G_1, G_2, \cdots, G_n$ 的模糊范畴,则只能存在一个 $G \in \{G_1, G_2, \cdots, G_n\}$ 使得:

$$(\forall e)(e \in T \wedge \mu_G(e) \geqslant \mu_T(e) \geqslant \beta)$$

模糊范畴说明,对于属于范畴的任意一个实体实例,它只能属于一个超类,并且该实体实例属于这个超类的隶属度大于等于属于范畴的隶属度。

4.2.3 模糊共享子类

一个共享子类是多个超类的子类,共享子类继承所有超类的属性,也就是多重继承。共享子类不同于范畴,共享子类是其所有超类交集的子集,属于一个共享子类的实体实例,必然属于其所有的超类。共享子类继承所有超类的属性,而范畴的继承具有选择性。

定义 4.9 在模糊 EER 模型中,设 S 是超类 $G_1, G_2, \cdots, G_n$ 的模糊共享子类,满足:

$$(\forall e)(\forall G)(e \in S \wedge G \in \{G_1, G_2, \cdots, G_n\} \wedge \mu_G(e) \geqslant \mu_S(e) \geqslant \beta)$$

模糊共享子类说明,对于属于共享子类的任意一个实体实例,它属于所有的超类,并且该实体实例属于超类的隶属度大于等于属于子类的隶属度。

4.2.4　模糊聚集

ER 模型中联系描述的是多个实体型之间的关联,只有实体型才能参与联系,不允许联系参与联系,但实际应用中往往有时需要联系参与联系。EER 模型能够将联系看成由参与联系的实体型组合而成的新实体型,这个新实体型称为参与联系的实体型的聚集,新实体型的属性为参与联系的实体型的属性和联系的属性的并集。

定义 4.10　在模糊 EER 模型中,设 S 是模糊类 $S_1, S_2, \cdots, S_n$ 的模糊聚集,满足:

$$(\forall e)(\exists e_1)(\exists e_2)\cdots(\exists e_n)(e \in S \wedge e_1 \in S_1 \wedge e_2 \in S_2 \wedge \cdots \wedge e_n \in S_n \wedge \mu_S(e) = \mu_{S_1}(e_1) \times \mu_{S_2}(e_2) \times \cdots \times \mu_{S_n}(e_n) \neq 0)$$

模糊聚集说明,如果一个实体实例属于模糊聚集,那么该实体实例必须分别属于参与聚集的各个实体型,同时,实体实例属于模糊聚集的隶属度等于该实体实例属于各个实体型的隶属度的乘积。

4.3　模糊 EER 模型和模糊 OWL 本体的关系

模糊 EER 模型能够满足带有不精确性和不确定性信息的复杂对象及其语义关系表示的需求,是经典 EER 模型的模糊化推广。模糊 EER 模型是面向数据的概念模型,和领域内特定的应用相关,模糊 EER 模型中的约束主要是数据操作上的约束,很多领域级别上的约束并没有显式地表达出来,所以模糊 EER 模型表达的是较低级别的信息需求。模糊 OWL 本体是面向领域的概念模型,模糊 OWL 本体提供一组术语和概念来描述某个领域,它包含领域内通用的、普遍的概念,规定领域级别上的约束。模糊 OWL 本体中的约束可以用来对模糊的和不精确的知识进行推理,表达的是更高级别的信息需求。

此外,模糊 EER 模型和模糊 OWL 本体都可以用模糊描述逻辑知识库来描述,如模糊 EER 模型可以用模糊描述逻辑 ALUNI (f-ALUNI)知识库来描述,而模糊 OWL 本体等价于模糊描述逻辑 SHOIN(D)(f-SHOIN(D))知识库。因为利用模糊 EER 模型构建模糊 OWL 本体,也就是将模糊 EER 模型转化为模糊 OWL 本体,并用 f-OWL 语言进行描述,而 f-OWL 基于 f-SHOIN(D),并且 f-SHOIN(D)的表达能力比 f-ALUNI 的表达能力强,所以使用 f-OWL 能够完整地描述模糊 EER 模型中的语义信息。鉴于此,利用模糊 EER 模型构建模糊 OWL 本体具有可行性。

4.4 模糊 OWL 本体的构建

基于模糊 EER 模型构建模糊 OWL 本体,就是要从模糊 EER 模型中提取出模糊 OWL 本体,主要包括以下五个步骤:

(1)确定模糊 OWL 本体的领域与范围。每个模糊 EER 模型都是针对特定的实际应用而创建,模糊 EER 模型中包含了足够的信息用于表达特定领域和具体应用的有关内容,通过对指定的模糊 EER 模型信息进行分析,就可以很容易地确定该模糊 EER 模型所反映的特定领域、范围及该领域中的重要概念。

(2)用领域中重要概念建立概念框架。从模糊 EER 模型中获取信息,重点分析实体、联系及类型、属性及属性类型等信息,将实体名、联系名和属性名等拟定为特定领域的重要概念。参考模糊 EER 模型,定义特定领域的根类,并对概念进行分类组织,初步形成一个模糊 OWL 本体概念框架。

(3)设计模糊 OWL 本体。模糊 OWL 本体主要包括领域中的概念及概念之间的关系。在设计模糊 OWL 本体的过程中,要明确各个类、类的层次结构以及类的属性,而这些元素正是来源于模糊 EER 模型。因此,需要根据模糊 EER 模型元素的特点,定义一组从模糊 EER 模型到模糊 OWL 本体的转换规则,通过使用不同的转换规则生成模糊 OWL 本体的不同元素。

比较模糊 EER 模型与模糊 OWL 本体,可以发现二者中的元素存在着一定的对应关系。例如,模糊 EER 模型中实体型之间存在着概化/特化、一对一、一对多或者多对多的联系,每个实体有多个属性;而模糊 OWL 本体中包含多个类,类与类之间存在一定的层次关系,每个类有多个属性。这样,通过将实体型定义为类,将实体型的属性定义为类的属性,将实体型之间的联系定义为类之间的关系以及将模糊 EER 模型中的约束定义为模糊 OWL 本体的限制,就可以得到基于模糊 EER 模型的模糊 OWL 本体。

(4) 创建模糊 OWL 本体实例。按照模糊 OWL 本体定义的类和属性,创建类的实例,这一过程称为语义标注。该过程通过将模糊关系数据库中的数据与新建的模糊 OWL 本体相对应,生成模糊 OWL 本体实例。本章主要研究利用模糊 EER 模型来构建模糊 OWL 本体的结构,所以对这一步骤暂不讨论,相关内容在 5.5 节中进行介绍。

(5) 本体的检验评估。模糊 OWL 本体形式化以后,需要检验和评估所做定义是否能够满足需求、是否满足本体的构建准则、模糊 OWL 本体中的术语是否被清晰定义、概念及其关系是否完整等问题。该步骤与传统的建模方式类似,需要对构建的模糊 OWL 本体进行反复的评估以获得最优质的本体。

4.4.1 转换规则

基于模糊 EER 模型构建模糊 OWL 本体,就是将模糊 EER 模型转换为模糊 OWL 本体。为形式化表示转换规则及算法,引入以下辅助函数:

$\Omega(\ )$:将模糊 EER 模型中的元素转换为模糊 OWL 本体中的对应部分。

attr( ):表示实体型的属性或实体型之间联系的属性,其中:

attr(E/μ) = $\{(A_1/\mu_1: D_1),(A_2/\mu_2: D_2),\cdots,(A_n/\mu_n: D_n)\}$,其中 $A_i/\mu_i(i=1,2,\cdots,n)$ 为实体型 E/μ 的属性,D_i 为属性 A_i/μ_i 的域$(i=1,2,\cdots,n)$,$\mu,\mu_1,\mu_2,\cdots,\mu_n\in[0,1]$表示隶属

度（下同）。

attr(R/μ) = $\{(A_1/\mu_1:D_1),(A_2/\mu_2:D_2),\cdots,(A_n/\mu_n:D_n)\}$，其中 $A_i/\mu_i(i=1,2,\cdots,n)$ 为联系 R/μ 的属性，D_i 为属性 A_i/μ_i 的域 $(i=1,2,\cdots,n)$。

isa(E/μ)：表示实体型 E/μ 的超类。

rel(R/μ) = $\{(U_1:E_1/\mu_1),(U_2:E_2/\mu_2),\cdots,(U_n:E_n/\mu_n)\}$：表示和一个联系 R/μ 关联的一组实体型与角色，其中角色 U 是针对一个实体型参与某个特定联系而定义，即，实体型 E_i/μ_i 通过角色 U_i 参与了联系 R/μ $(i=1,2,\cdots,n)$。该函数隐含地决定了联系 R/μ 的元数。

type(R/μ)：表示联系 R/μ 的类型，包括一对一$(1:1)$、一对多$(1:n)$ 和多对多$(m:n)$ 三类。

mincard$(E/\mu_1,U,R/\mu_2)$：表示实体型 E/μ_1 中的实体通过角色 U 参与联系 R/μ_2 的最小实体数目，若该值为 0，则表示无限制。

maxcard$(E/\mu_1,U,R/\mu_2)$：表示实体型 E/μ_1 中的实体通过角色 U 参与联系 R/μ_2 的最大实体数目，若该值为 ∞，则表示无限制。

f-OWL 是一种标记性语言，它的一个特点是适应语义 Web 资源分布性的要求，对于同一个资源，可以在网络的不同位置进行累加标注或说明。这个特点同样适用于对一个 f-OWL 文档内部资源的描述，表现为可以分多次对资源进行标注，不需要一次性完成对资源所有特性的标注。下面的转换规则就是建立在 f-OWL 的这个特性基础之上。模糊 OWL 本体的描述可以基于 RDF/XML 语法，也可以基于抽象语法，本节以抽象语法形式给出。

规则 1：将模糊 EER 模型中的实体型转换为模糊 OWL 本体的一个类，称之为实体型类。即对实体型 E/μ, attr(E/μ) = $\{(A_1/\mu_1:D_1),(A_2/\mu_2:D_2),\cdots,(A_n/\mu_n:D_n)\}$，创建如下公理：

Class $(\Omega(E/\mu)$ partial restriction $(\Omega(A_1/\mu_1)$ allValuesFrom $(\Omega(D_1))) \cdots$ restriction $(\Omega(A_n/\mu_n)$ allValuesFrom $(\Omega(D_n))))$

因为任意一个实体型由若干个属性来刻画，每个属性有属性域,所以规则 1 在将一个实体型 E/μ 转化为实体型类 $\Omega(E/\mu)$ 以后,同时需要将实体型的属性 $A_i/\mu_i(i = 1,2,\cdots,n)$ 转换为模糊 OWL 本体的数据类型属性 $\Omega(A_i/\mu_i)$,将属性的数据类型转换为相应的模糊 OWL 本体支持的数据类型 $\Omega(D)$。此外,对于隶属度等于 1 的实体型(类)、联系或属性,其隶属度"/1"可以省略不写。

需要指出的是,在模糊 EER 模型中使用主键唯一标识实体,以区别实体集中不同的实体,而这在模糊 OWL 本体中没有必要。因为当将模糊 EER 模型中的实体型转换为模糊 OWL 本体的类以后,是通过定义唯一的类标识符来确定一个类的,同时在创建模糊 OWL 本体的实例时,也会为每个实例分配唯一的标识符,所以不需要进行完整性约束。

规则 2:将实体型的多值属性转换为模糊 OWL 本体的数据类型属性。若属性 $A_1/\mu_1,A_2/\mu_2,\cdots,A_n/\mu_n$ 是实体型 E/μ 的 n 个多值属性,其属性域分别为 $D_1,D_2,\cdots,D_n$,则创建如下公理:

DatatypeProperty $(\Omega(A_i/\mu_i)$ domain $(\Omega(E/\mu))$ range $(\Omega(D_i)))$ $(i = 1,2,\cdots,n)$

规则 3:将实体型的单值属性转换为模糊 OWL 本体的函数型数据类型属性,若属性 $A_1/\mu_1,A_2/\mu_2,\cdots,A_n/\mu_n$ 是实体型 E/μ 的 n 个单值属性,其属性域分别为 $D_1,D_2,\cdots,D_n$,则创建如下公理:

DatatypeProperty $(\Omega(A_i/\mu_i)$ domain $(\Omega(E/\mu))$ range $(\Omega(D_i))$ Functional) $(i = 1,2,\cdots,n)$

需要指出的是,对于模糊 EER 模型中的模糊属性,不需要应用规则 2、规则 3 执行相应转换,这是因为一个模糊属性的不同属性值可以拥有不同的数据类型,这需要在创建模糊 OWL 本体实例时,根据属性值的数据类型对模糊属性作相应处理。

规则 4:将两个实体型之间的子类/超类关系转化为模糊 OWL 本体的两个类之间的子类/超类关系时。若两个实体型 E_i/μ_i 和 E_j/μ_j 满足 $isa(E_i/\mu_i) = E_j/\mu_j$,则将类 $\Omega(E_i/\mu_i)$ 和 $\Omega(E_j/\mu_j)$ 转化为模糊 OWL 本体中的子类/超类关系,即创建如下公理:

subClassOf $(\Omega(E_i/\mu_i)\ \Omega(E_j/\mu_j))$

由此,若实体型 $S_1/\mu_1, S_2/\mu_2, \cdots, S_m/\mu_m$ 是类实体型 G/μ 的一个模糊特化,则需创建如下一组公理:

$$\text{subClassOf}\, (\Omega(S_i/\mu_i)\ \Omega(G/\mu))\ (i = 1, 2, \cdots, m)$$

规则 5:若实体型 S/μ 是实体型 $G_1/\mu_1, G_2/\mu_2, \cdots, G_m/\mu_m$ 的模糊共享子类,则创建如下公理:

$$\text{Class}\, (\Omega(S/\mu)\ \text{partial}\ \Omega(G_1/\mu_1)\ \Omega(G_2/\mu_2)\ \cdots\ \Omega(G_m/\mu_m))$$

规则 6:若实体型 T/μ 是实体型 $G_1/\mu_1, G_2/\mu_2, \cdots, G_m/\mu_m$ 的模糊范畴,则创建如下公理:

$$\text{Class}\, (\Omega(T/\mu)\ \text{partial}\ \text{UnionOf}\, (\Omega(G_1/\mu_1)\ \Omega(G_2/\mu_2)\ \cdots$$
$$\Omega(G_m/\mu_m)))$$

规则 7:若实体型 S/μ 是实体型 $S_1/\mu_1, S_2/\mu_2, \cdots, S_n/\mu_n$ 的模糊聚集,则创建如下公理:

$$\text{PartOf}\, (\Omega(S/\mu)\ \Omega(S_i/\mu_i))\ (i = 1, 2, \cdots, n)$$

规则 7 给出模糊聚集的转换规则。参与聚集的各个实体型和聚集实体型是部分-整体关系,所以创建公理 PartOf $(\Omega(S/\mu)\ \Omega(S_i/\mu_i))$ 来表达这种关系。f-OWL 虽然没有提供特定的原语表达部分-整体关系,但具备了足够的表达能力来定义这种类型的关系。

模糊 EER 模型中除继承关系,实体型之间其它的所有联系都可以由 rel 函数来表达,包括一元、二元及多元联系,其转换方法由规则 8 给出。

规则 8:如果 rel $(R/\mu) = \{(U_1 : E_1/\mu_1), (U_2 : E_2/\mu_2), \cdots, (U_n : E_n/\mu_n)\}$,那么将联系 R/μ 转化为模糊 OWL 本体的一个类 $\Omega(R/\mu)$,称之为联系类,将各个角色 U_i 转化为模糊 OWL 本体的对象属性 $\Omega(U_i)$,同时创建对象属性 $\Omega(U_i)$ 的逆属性 V_i,用于对各个实体型类加以限制,即创建如下公理:

$$\text{Class}\, (\Omega(R/\mu)\ \text{partial}\ \text{restriction}\, (\Omega(U_1)\ \text{allValuesFrom}\, (\Omega(E_1/\mu_1)))\ \text{restriction}\, (\Omega(U_2)\ \text{allValuesFrom}\, (\Omega(E_2/\mu_2))\ \cdots \text{restriction}\, (\Omega(U_n)\ \text{allValuesFrom}\, (\Omega(E_n/\mu_n))))$$

$$\text{ObjectProperty}\, (\Omega(U_i)\ \text{domain}\, (\Omega(R/\mu))\ \text{range}\, (\Omega(E_i/$$

μ_i))) $(i = 1,2,\cdots,n)$

ObjectProperty (V_i domain ($\Omega(E_i/\mu_i)$) range($\Omega(R/\mu)$) inverseOf $\Omega(U_i)$)

Class ($\Omega(E_i/\mu_i)$ partial restriction (V_i allValuesFrom ($\Omega(R/\mu)$))))

规则 8 给出了实体型之间除继承关系外的二元或多元联系的转换规则,对模糊 EER 模型中的联系而言,除需要描述联系的元数,还应描述联系的基数,即一个实体型参与联系的实体数目,常用一对整数值(min,max)来表示,其中 min 表示最小基数约束,max 表示最大基数约束。事实上,最小和最大基数约束同样可以表示基数比限制(Cardinality Ratio Constraint)(包括一对一、一对多和多对多联系)和参与限制(Participation Constraint)(包括全部参与和部分参与)。规则 9 和规则 10 给出联系的最小基数约束和最大基数约束的转换规则。

规则 9:若 mincard ($E/\mu_1, U, R/\mu_2$) = p ($p \neq 0$),则创建如下公理:

Class ($\Omega(E/\mu_1)$ partial restriction (V minCardinality (p)))

规则 10:若 maxcard ($E/\mu_1, U, R/\mu_2$) = q ($q \neq \infty$),则创建如下公理:

Class ($\Omega(E/\mu_1)$ partial restriction (V maxCardinality (q)))

4.4.2　转换算法

下面基于上述转换规则,给出模糊 EER 模型到模糊 OWL 本体的转换算法,如本节算法 4 - 1 所示。该算法解决两方面问题:一方面,要将模糊 EER 模型的所有元素转换为模糊 OWL 本体的对应部分;另一方面,要从模糊 OWL 本体的类中选择可以和本体的根类直接连接的类,这些类分别对应于一个领域中最基本的概念。在模糊 EER 模型中,实体型之间没有明显的层次结构,当将这些实体型转换为模糊 OWL 本体的类以后,不能将所有的类都连接到模糊 OWL 本体的根类上,应根据模糊 EER 模型中实体型之间的关系,将模糊 OWL 本体中的类按层次结构进行组织。所以需要从模糊 EER 模型中选择合适的实体型,这些实体型经转换规则得到的类可以直接连接到本体的根类上,下面给出可以和根类直接连接的实体型(类)的选择范围:

（1）有子类但没有父类的实体型;

（2）参与多元联系的各个实体型;

（3）参与二元联系,联系的类型是多对多的两个实体型;

（4）参与二元联系,联系的类型是一对多、位于一端的那个实体型。

算法 4 – 1   模糊 EER 模型到模糊 OWL 本体的转换

输入:模糊 EER 模型中的实体型、联系和属性

输出:模糊 OWL 本体

1. For each $E/\mu \in E$
2.   应用规则 1
3.   If E/μ 是模糊子类,应用规则 4
4.   If E/μ 是模糊共享子类,应用规则 5
5.   If E/μ 是模糊范畴,应用规则 6
6.   If E/μ 是模糊聚集,应用规则 7
7. EndFor
8. For each $R/\mu \in R$
9.   应用规则 8
10.   If mincard $(E/\mu_1, U, R/\mu_2) \neq 0$,应用规则 9
11.   if maxcard $(E/\mu_1, U, R/\mu_2) \neq \infty$,应用规则 10
12. EndFor
13. For each $A/\mu \in A$
14.   If A/μ 是一个多值属性,应用规则 2
15.   If A/μ 是一个单值属性,应用规则 3
16. EndFor
17. For each $i \in \{1,2,3,\cdots,K\}$ //共有 K 个实体型

18.　　　visited [i] ← false;　　　　// 访问标志数组

19.　　　root [i] ← ture;　　　　// 和根类连接标志数组

20. EndFor

21. For each relation $R(E_i/\mu_i, E_j/\mu_j) \wedge \text{isa}(E_j/\mu_j) = E_i/\mu_i \wedge i, j \in \{1, 2, 3, \cdots, K\} \wedge i \neq j$

22.　　　visited [i] ← true　　　//将访问过的实体型的访问标志设为 true

23.　　　visited [j] ← true

24.　　　root [j] ← false　　　//将作为子类的实体型的和根类连接标志设为 false

25. EndFor

26. For each relation $R(E_1/\mu_1, E_2/\mu_2, \cdots, E_k/\mu_k) \wedge 2 < k < K$　　　//多元联系

27.　　　If root [1] = true $\wedge$! visited [1]　　//在没有被访问过的实体型中选择

28.　　　　　visited (1) ← true

　　　　　　……

29.　　　If root [k] = true $\wedge$! visited [k]

30.　　　　　visited (k) ← true

31. EndFor

32. For each relation $R(E_i/\mu_i, E_j/\mu_j) \wedge \text{type}(R/\mu) = "m:n" \wedge i, j \in \{1, 2, 3, \cdots, K\} \wedge i \neq j$

33.　　　If root [i] = true $\wedge$! visited [i]

34.　　　　　visited (i) ← true

35.　　　If root [j] = true $\wedge$! visited [j]

36.　　　　　visited (j) ← true

37. EndFor

38. For each relation $R(E_i/\mu_i, E_j/\mu_j) \wedge \text{type}(R/\mu) = "1:n" \wedge i, j \in \{1, 2, 3, \cdots, K\} \wedge i \neq j$

39.　　　If root [i] = true $\wedge$! visited [i]

40.   visited $[i]$←true   //将访问过的实体型的访问标志设为 true

41.   visited $[j]$←true

42.   root $[j]$←false   //将位于 n 端的实体型的和根类连接标志设为 false

43. EndFor

44. For each root $[i]$ = true //将和根类连接标志为 ture 的实体型转换的类连接到根类 RootClass 上

45.   PartOf ($\Omega(E_i/\mu_i)$, RootClass)

46. EndFor

    算法 4 - 1 中,第 1 行到第 16 行表示的是模糊 EER 模型中的元素到模糊 OWL 本体对应部分的转换。首先应用规则 1 将所有的实体型转化为类,在些基础上,根据实体型的不同特点,再进一步处理各个实体型。这样可以保证,在模糊 OWL 本体中,当对一个子类进行描述时,其父类一定存在。此外,算法在应用转换规则时,同样体现了不需要一次性完成对某个实体型或联系所有限制的转换,这是由 f-OWL 这种标记性语言的特点决定的,体现了模糊 OWL 本体构建的特殊性。

    算法 4 - 1 中,第 17 行到第 43 行是选择满足条件的实体型,由这些实体型转换得到的类可以直接连接到模糊 OWL 本体的根类上。为了在选择实体型的过程中便于区分实体型是否已被访问过,需要设置访问标志数组 visited [ ](第 18 行),其初值为 false,一旦某个实体型被访问过,就将其相应的分量设置为 true。同时,为了记录哪一个实体型类可以和模糊 OWL 本体的根类直接连接,需要设置和根类连接标志数组 root [ ](第 19 行),其初值为 true,如果某个实体型不必和根类直接连接,则将其相应的分量设置为 false。在选择实体型时,要按照上面给出的 4 个条件依次进行,首先在参与子类/父类关系的实体型中进行选择,然后在参与其它类型关系的实体型中进行选择,只有这样,才能够在模糊

OWL 本体中最大限度地形成层次结构。最后,将所有和根类连接标志为 true 的实体型转换得到的类直接连接到模糊 OWL 本体的根类上(从第 44 行到第 46 行)。

下面给出一个模糊 EER 图的例子,如图 4-1 所示。在图 4-1 中,用虚线矩形框表示的实体是模糊实体型,如实体型 Faculty 和 Excellent-Grad_Student(excellent graduate student,即优秀的研究生),实体型 Excellent-Grad_Student 带有一个隶属度 0.9。这样,实体型 Instructor 就是实体型 Faculty 和 Excellent-Grad_Student 的模糊范畴(由符号 U 表示),表示教师(Faculty)或者是优秀的研究生(Excellent-Grad_Student/0.9)(隶属度大于等于 0.9)可以作为任课教师(Instructor)。同样,用虚线椭圆表示的属性是模糊属性,如属性 age。

在图 4-1 中,角色的含义可以这样解释,如角色 a_f 表示实体型 Faculty 通过角色 a_f 参与了联系 Advisor,其基数约束(0,2)表示一个教师(Faculty)最多可以指导 2 个优秀的研究生(Excellent-Grad_Student),而由角色 a_e 的基数约束(1,1)可知,一个优秀的研究生(Excellent-Grad_Student)有且只能有一个教师(Faculty)来指导。其他角色的含义具有相似性,不再赘述。

下面结合图 4-1 所示的模糊 EER 图,使用本节算法 4-1 在该模糊 EER 模型中选择实体型,其转换的类可以直接连接到模糊 OWL 本体根类上。图 4-1 所示的模糊 EER 模型共有 9 个实体型,包括:Faculty, Grant, Instructor, Department, Student, Excellent-Grad_Student, Current_Section, Section, Course,其实体型编号分别为 $1,2,\cdots,9$。算法 4-1 中的第 17 行到第 20 行,是对数组 visited [ ] 和 root [ ] 进行初始化。由第 21 行到第 25 行,可得 visited [1] = visited [3] = visited [5] = visited [6] = visited [7] = visited [8] = true, root [3] = root [6] = root [7] = false;由第 32 行到第 37 行,可得 visited [2] = true;由第 38 行到 43 行,可得 visited [4] = visited [9] = true, root [9] = false。这样,和根类连接标志为 true 的有:root [1] = root [2] = root [4] = root [5] =

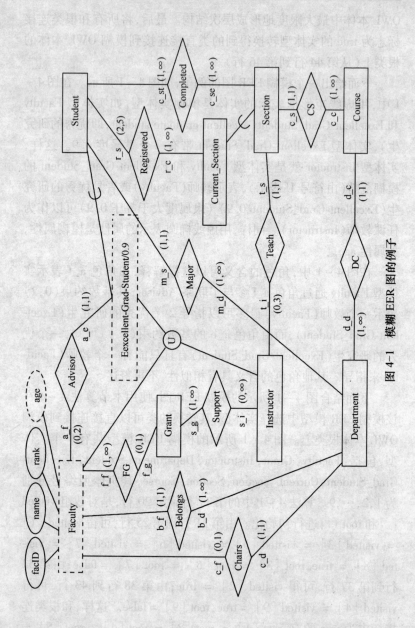

图 4-1 模糊 EER 图的例子

root [8] = true,即实体型 Faculty,Grant,Department,Student,Section 转化为类以后,可以直接连接到模糊 OWL 本体的根类上。

通过分析图 4 - 1 所示的模糊 EER 模型,可知该模型描述的是大学领域的信息,因此将基于该模型构建的模糊 OWL 本体的根类命名为 University。鉴于对各个实体型的描述具有相似性,这里以实体型 Faculty 为例,给出了相应 f-OWL 公理描述,同时给出了相关实体型类连接到模糊 OWL 本体的根类上的描述,其抽象公理形式描述如下所示。

Class (Excellent – Grad_Student/0. 9　partial　Student)

Class (Current_Section　partial　Section)

Class (Instructor　partial　UnionOf　Faculty　Excellent – Grad_Student/0. 9)

Class (Faculty　partial　restriction (facID allValuesFrom (xsd:string) cardinality(1))

　　　　　　　　restriction (name allValuesFrom (xsd:string) cardinality(1))

　　　　　　　　restriction (rank allValuesFrom (xsd:string))

　　　　　　　　restriction (phone allValuesFrom (xsd:string)))

DatatypeProperty (facID domain(Faculty) range(xsd:string) Functional)

DatatypeProperty (name domain(Faculty) range(xsd:string) Functional)

DatatypeProperty (rank domain(Faculty) range(xsd:string))

DatatypeProperty (phone domain(Faculty) range(xsd:string))

Class (Advisor partial restriction (a_f allValuesFrom(Faculty))

　　　　　　　restriction (a_e allValuesFrom(Excellent – Grad_Student/0. 9)))

ObjectProperty (a_f domain(Advisor) range(Faculty))

ObjectProperty (a_e domain(Advisor) range(Excellent – Grad_Student/0. 9))

ObjectProperty (invof_a_f domain(Faculty) range(Advisor) inverseOf a_f)

ObjectProperty (invof_a_e domain(Excellent – Grad_Student/0. 9) range(Advisor) inverseOf a_e)

Class (Faculty partial restriction (invof_a_f allValuesFrom(Advisor)))

Class (Excellent – Grad_Student/0. 9 partial restriction (invof_a_e allValuesFrom(Advisor)))

Class (Faculty partial restriction (invof_a_f minCardinality (0))

　　　　　　　restriction (invof_a_f maxCardinality (2)))

Class (Excellent – Grad_Student/0. 9 partial restriction (invof_a_e minCardinality (1))

......   restriction (invof_a_e maxCardinality (1)))

PartOf (Faculty University)

PartOf (Grant University)

PartOf (Department University)

PartOf (Student University)

PartOf (Section University)

　　基于模糊 EER 模型的模糊 OWL 本体的构建,也就是将模糊 EER 模型转换为模糊 OWL 本体,实现的是一种模式到另一种模式的转换,因此要考虑模式转换的正确性。

　　模糊 EER 模型作为面向数据的概念模型采用 ER 图的形式来描述,其表示方法的实质是图,其中,实体型和联系是图的结点,实体与联系之间的关系是图的边。而模糊 OWL 本体作为面向领域的概念模型,基于 f - RDF(S),其本身也是一个图,因此,研究这两个模式转换是否正确,可以从两图同构的角度来考虑,即考虑基于模糊 EER 模型创建的模糊 OWL 本体与原模糊 EER 模型是否同构。

　　定义 4.11　设 $G = (V,E)$ 和 $G = (V',E')$ 是两个图,若存在双射函数 $f : V \to V'$,使得 $(v_i,v_j) \in E$ 当且仅当 $(f(v_i),f(v_j)) \in E'$,则称 G 与 G' 同构。

　　由图的同构定义可知,同构的图要求结点与结点之间,边与边之间都存在一一对应,并且它们的关联关系也必须保持对应关系。判断两个图是否同构,一般情况下并不容易。因为若两个图都有 n 个结点,它们之间的双射有 $n!$ 个,即使 n 很小,检查这些双射是否保持结点与边的关联关系,计算量也很大,所以通过检查每一个映射来判断两个图是否同构通常不可行,但是可以利用图的同构原理,生成一个与原图同构的图,事实上,算法 4 - 1 就是基于这样的思想。

　　由算法 4 - 1 可知,对模糊 EER 模型中的每一个元素,在模糊 OWL 本体中都为其创建了对应元素,也就是将模糊 EER 图中的结点(即实体型和联系)转化为 OWL 本体图的结点(即类),将模

76

糊 EER 图中的边(即角色)转化为模糊 OWL 本体图的边(即对象属性),因此,模糊 EER 图与模糊 OWL 本体图的结点与结点之间、边与边之间都存在着一一对应关系,并且它们的关联关系也同样保持着对应关系。这样,除了二者的结点标记或边标记可能不同外,其余的完全相同,所以模糊 OWL 本体图与原模糊 EER 图同构,能够保证基于算法 4 - 1 的模糊 EER 模型到模糊 OWL 本体转换的正确性。

因为基于模糊 EER 模型构建的模糊 OWL 本体与原模糊 EER 模型同构,所以模糊 OWL 本体已经充分利用了模糊 EER 模型中的信息。这时,可以根据需要对模糊 OWL 本体进行进一步检验,确保模糊 OWL 本体中的类和属性等已被清晰定义,必要时,可以对模糊 OWL 本体进行修剪,以获得最优质的模糊 OWL 本体,该步骤与传统的建模方式类似。

4.5　本章小结

目前模糊 OWL 本体的构建方法主要支持的是手工构建方式,鉴于模糊 EER 模型在模糊信息表示和处理方面的优势,本章提出利用模糊 EER 模型来构建模糊 OWL 本体。首先介绍了引入模糊数据库模型构建模糊 OWL 本体的原因;其次,给出模糊 EER 模型的形式化定义,从模糊描述逻辑角度,分析了模糊 EER 模型与模糊 OWL 本体的关系,指出基于模糊 EER 模型构建模糊 OWL 本体具有可行性;然后,给出基于模糊 EER 模型构建模糊 OWL 本体的步骤,提出模糊 EER 模型到模糊 OWL 本体的转换规则和算法,在此基础上,结合一个实例进一步说明了转换规则和算法的具体应用,并以抽象语法形式描述了生成的模糊 OWL 本体。

第 5 章　基于模糊关系数据库的模糊 OWL 本体的构建

模糊关系数据库中包含了大量的模糊数据,能够为模糊 OWL 本体实例的创建提供数据源,丰富模糊 OWL 本体知识的表达,所以基于模糊关系数据库的结构和数据提取模糊 OWL 本体,是构建模糊 OWL 本体的有效途径。鉴于此,本章研究基于模糊关系数据库的模糊 OWL 本体的构建方法。

5.1 节介绍利用模糊关系数据库构建模糊 OWL 本体的原因;5.2 节给出模糊关系模型的形式化定义,定义模糊关系的主键和外键;5.3 节分析基于模糊关系数据库构建模糊 OWL 本体的可行性;5.4 节研究基于模糊关系数据库构建模糊 OWL 本体结构的方法,包括构建模糊 OWL 本体的步骤、模糊关系模型的语义识别、以及模糊关系数据库到模糊 OWL 本体的转换规则和算法;5.5 节研究使用模糊关系数据库中的数据来创建模糊 OWL 本体实例的方法;5.6 节证明了基于模糊关系数据库的模糊 OWL 本体构建方法的正确性;5.7 节是对本章进行的小结。

5.1　引　言

模糊关系数据库(Fuzzy Relational Databases)是经典关系数据库(Relational Databases)的扩展,这种扩展并没有改变集合论的关系和数据库的基本思想,但却可以使一些不确定的和模糊的数据进入数据库,解决某些具体问题。因此,有大量研究工作致力于模糊关系数据库的研究,但是到目前为止,关于模糊关系数据库还没有形成一个标准定义。

在很多应用领域中,由经典 OWL 本体支持的形式化概念不足以表示广泛存在的模糊信息,通常的解决方案是将模糊逻辑引入 OWL 本体以解决不精确和不确定信息的表示问题。但是手工构建模糊 OWL 本体非常困难,而基于模糊关系数据库中的结构化模糊数据来构建模糊 OWL 本体,是构建模糊 OWL 本体的有效途径。模糊关系数据库中含有大量的模糊数据,这些模糊数据作为创建模糊 OWL 本体实例的数据源,能够丰富模糊 OWL 本体知识的表达。此外,基于模糊关系数据库构建的模糊 OWL 本体,可以将模糊关系数据库中的模糊信息以本体的形式在 Web 上进行发布,能够实现 Web 中模糊信息的共享和交换。

本章首先给出模糊关系模型的形式化定义,在此基础上,研究利用模糊关系数据库构建模糊 OWL 本体的方法。

5.2 模糊关系模型

模糊关系数据库采用模糊关系模型作为数据的组织方式,在模糊关系模型中,实体及实体间的联系都是用模糊关系(亦即二维表)来表示,一个模糊关系数据库就是一些模糊关系的集合。下面首先给出模糊关系模型的形式化定义,进而给出模糊关系主键及外键的定义。

定义 5.1 设 D 为论域,$P(D)$ 是定义在 D 上的所有可能性分布的集合,包括 Unknown 值和 Undefined 值,模糊域 D_f 定义为 $D_f \subseteq P(D) \cup \{\text{Null}\}$。

定义 5.2 设 FR 是所有模糊关系的集合,每个模糊关系 $FR = (H, B)$ 由表头 H 和表体 B 两个集合决定。

- $H = \{(A_1 : D_{f_1}), (A_2 : D_{f_2}), \cdots, (A_n : D_{f_n}), \mu D\}$,其中 $A_j (j = 1, 2, \cdots, n)$ 为属性,$D_{f_j} (j = 1, 2, \cdots, n)$ 为模糊域,μD 称为隶属度属性。

- $B = \{(A_1 : d_{i_1}), (A_2 : d_{i_2}), \cdots, (A_n : d_{i_n}), (\mu D : \mu_i)\}$,其

中 $i = 1, 2, \cdots, m$，m 表示一个模糊关系中的元组个数，d_{i_j} 表示第 i 个元组中属性 A_j 的属性值，隶属度属性值 $\mu_i \in [0, 1]$ 表示第 i 个元组隶属于模糊关系 FR 的程度。

定义 5.3 模糊关系 FR 的主键 $PK(FR) = \{(A_s : D_{f_s}) : s \in S \subseteq \{1, \cdots, n\}\}$ 是 H 的一个子集，即 $PK(FR) \subseteq H(FR)$，并满足以下条件：

- $\forall s \in S$，D_{f_s} 是一个经典域；
- $\forall i, i' \in \{1, \cdots, m\}$，$\exists s \in S$，使得 $(A_s : d_{i_s}) \neq (A_s : d_{i'_s})$，

即模糊关系模型中以主键作为唯一标识。

定义 5.4 模糊关系 FR 的外键 $FK(FR) = \{(A_s : D_{f_s})\}$：$s \in S \subseteq \{1, \cdots, n\}$ 是 H 的一个子集，即 $FK(FR) \subseteq H(FR)$，若使用符号"→"表示引用关系，则模糊关系 FR_i 的外键属性 $A \in FK(FR_i)$ 引用了模糊关系 FR_j 的主属性，可以表示为：$A(FR_i) \rightarrow FR_j$，并满足 $value(A(FR_i)) \subseteq value(PK(FR_j) \cup Null)$，其中函数 $value(*)$ 表示 $*$ 的取值范围。

从模糊关系的定义可以看出，模糊关系的模糊性具有两种形式，即属性值上的模糊性和元组上的模糊性，属性值上的模糊性由属性的模糊域决定，而元组上的模糊性是由隶属度属性值决定。此外，同 f–RDF 的模糊数据类型一样，在模糊关系数据库中，根据属性域是作用在连续域上还是离散域上，可分为两类模糊数据类型。其中第一类模糊数据类型描述的是连续域上的模糊数据，包括 Interval、Approx、Tag、Trapezoidal，以及 Unknown、Undefined 和 Null 类型，相应地，具有这类数据类型的属性称为类型 1 模糊属性。第二类模糊数据类型描述的是离散域上的模糊数据，包括 Label 和 Posdis，具有这类数据类型的属性称为类型 2 模糊属性。

5.3 模糊关系数据库和模糊 OWL 本体的关系

模糊关系数据库和模糊 OWL 本体都为数据赋予了结构，前

者一般是针对特定的应用而设计,而后者一般用于描述特定领域的概念体系,不依赖于某个具体应用。模糊关系数据库和模糊 OWL 本体都存在着对概念术语的约束,模糊关系数据库中的约束主要是为了保障数据库中数据的完整性,而模糊 OWL 本体中的约束是为了保障一致性和支持自动推理。模糊关系数据库中的关系和属性没有继承层次的表达能力,而模糊 OWL 本体的类和属性则具备这样的表达能力。

此外,和模糊 EER 模型一样,模糊关系数据库也可以用模糊描述逻辑知识库来描述,如模糊描述逻辑 ALUNI (f – ALUNI) 知识库。而模糊 OWL 本体等价于模糊描述逻辑 SHOIN (D) (f – SHOIN(D)) 知识库,因为 f – SHOIN (D) 的表达能力比 f – ALUNI 的表达能力强,所以 f – OWL 能够完整地描述模糊关系数据库中的语义信息。鉴于此,利用模糊关系数据库构建模糊 OWL 本体具有可行性。

基于模糊关系数据库构建模糊 OWL 本体,就是将模糊关系数据库转化为模糊 OWL 本体,并以 f – OWL 语言进行描述,形成基于 f – OWL 的输出文档。模糊关系数据库有型和值之分。模糊关系模式是型,模糊关系是值,相应地,模糊 OWL 本体也有结构和实例之分。这样,基于模糊关系数据库构建模糊 OWL 本体,就是通过转换规则将模糊关系模式转换成模糊 OWL 本体结构,将模糊关系也就是模糊关系数据库中的数据转换成模糊 OWL 本体实例。下面在给出利用模糊关系数据库来构建模糊 OWL 本体的步骤的基础上,研究模糊 OWL 本体结构的构建方法。

5.4　模糊 OWL 本体结构的建立

基于模糊关系数据库构建模糊 OWL 本体通过以下 4 个步骤实现:

(1) 通过对模糊关系数据库模式进行分析获取相关信息,识别出模糊关系数据库中各个模糊关系的类型以及模糊关系之间联系的类型等。

（2）根据获取的信息，将模糊关系名、属性名等拟定为特定领域的重要概念。参考模糊关系数据库，定义特定领域的根类，并对所有模糊关系进行分类组织，初步形成一个模糊 OWL 本体概念框架。

（3）根据模糊关系数据库中元素的特点，定义一组从模糊关系数据库到模糊 OWL 本体的转换规则，通过使用不同的转换规则生成模糊 OWL 本体的不同元素。

（4）通过数据迁移来创建模糊 OWL 本体实例。一旦建立了模糊 OWL 本体，就可以进行数据的迁移。利用模糊关系数据库中的数据，通过与建立的模糊 OWL 本体结构对应，创建模糊 OWL 本体实例，包括为每个实例分配一个唯一的标识符以及建立实例间的关系。

关于利用模糊关系数据库构建模糊 OWL 本体的详细步骤可以参考本书第 4.4 节相关内容，在此不再赘述。第 4 章研究的是基于模糊 EER 模型来构建模糊 OWL 本体，没有讨论模糊 OWL 本体实例的创建方法。鉴于此，本章在研究利用模糊关系模式构建模糊 OWL 本体结构的基础上，着重研究以模糊关系数据库数据为数据源创建模糊 OWL 本体实例的方法。此外，基于模糊关系数据库构建模糊 OWL 本体也可以采用逆向工程技术，即从模糊关系数据库中提取出模糊 EER 模型，再利用本书第 4 章介绍的方法构建模糊 OWL 本体，有关这方面内容，本书不予讨论。

5.4.1　模糊关系模式的语义识别

识别模糊关系模式的语义就是要根据其主键和外键的特点，识别出所有模糊关系的类型以及模糊关系之间联系的类型。包括识别出一个模糊关系是属于模糊基本关系，还是属于模糊依赖关系、模糊特化关系或模糊关联关系。还包括两个不同模糊关系之间的联系是属于一对一联系还是属于一对多联系。

按一个模糊关系的主键和外键之间的关系可以将模糊关系数

据库中的模糊关系模式分成 4 类,即模糊基本关系、模糊依赖关系、模糊特化关系和模糊关联关系。这里假定模糊关系模式符合模糊第三范式。在模糊关系中,模糊第三范式与传统关系模式的第三范式(3NF)定义十分相似,并且,大部分模糊关系模式的设计能够满足这个要求。下面以表 5 - 1 中的模糊关系模式为例,说明如何识别模糊关系的类型以及模糊关系之间联系的类型,其中带下划线的属性是主键。

表 5 - 1　模糊关系模式的例子

关系名	属性名	外键及被参照关系
Employee	<u>empID</u>, name, age, salary, dep-ID, city, street, postalcode, μD	depID (Department)
Department	<u>depID</u>, name, location	None
Project	<u>proID</u>, name, leader-empID, budget, target-date	leader-empID (Employee)
Works-on	<u>empID</u>, <u>proID</u>, start-date	empID (Employee), proID (Project)
Hardware-Project	<u>proID</u>, supID	proID (Project), supID (Supplier)
Software-Project	<u>proID</u>, language, lines-of-code	proID (Project)
Supplier	<u>supID</u>, name, phone, address	None
Dependent	<u>empID</u>, <u>dependent-name</u>, dependent-age	empID (Employee)

定义 5.5　如果一个模糊关系只有主键没有外键,或者有外键,但主键与外键没有相同属性,那么该关系属于模糊基本关系,即对任意一个模糊关系 FR 若满足 $PK(FR) \cap FK(FR) = \varnothing$,则 $FR \in FR_b$,其中 FR_b 表示由所有模糊基本关系构成的集合。

在表 5 - 1 中,关系 Department 和 Supplier 只有主键没有外键,而关系 Employee 和 Project 的主键和外键没有相同属性,根据定义,这 4 个关系属于模糊基本关系。

定义 5.6 如果一个模糊关系 FR 既有主键又有外键,并满足 $PK(FR) \supset FK(FR)$,那么该关系属于模糊依赖关系,即 $FR \in FR_d$,其中 FR_d 表示由所有模糊依赖关系构成的集合。

模糊依赖关系表达了该关系与其外键引用的关系是一种类似于部分与整体的关系,关系 FR 称为部分关系,相应地,关系 FR 的外键引用的关系称为整体关系。由模糊 ER/EER 模型中的弱实体转换得到的关系属于模糊依赖关系。

在表 5 - 1 中,关系 Dependent 的主键包括属性 empID 和 dependent-name,外键是 empID,满足 $PK(\text{Dependent}) \supset FK(\text{Dependent})$,所以关系 Dependent 属于模糊依赖关系,与关系 Employee 是部分与整体关系。

定义 5.7 如果一个模糊关系 FR_1 的主键是外键的子集 $PK(FR_1) \subseteq FK(FR_1)$,若主属性 $A(FR_1) \in PK(FR_1)$ 引用的模糊关系为 FR_2(即 $A(FR_1) \rightarrow FR_2$),满足 $PK(FR_2) \supseteq PK(FR_1)$,那么关系 FR_1 属于模糊特化关系,即 $FR_1 \in FR_s$,其中 FR_s 表示由所有模糊特化关系构成的集合。

模糊特化关系 FR_1 与模糊关系 FR_2 形成了关系间的层次结构,类似于面向对象中类之间的继承关系,相应地,关系 FR_2 称为模糊概化关系。通常,在模糊第三范式条件下,每个模糊特化关系只有一个模糊概化关系。

在表 5 - 1 中,对于关系 Hardware-Project,其 $PK(\text{Hardware-Project}) = \{\text{proID}\}$,$FK(\text{Hardware-Project}) = \{\text{proID, supID}\}$,满足 $PK(\text{Hardware-Project}) \subseteq FK(\text{Hardware-Project})$;同时,关系 Hardware-Project 的主键属性 proID 作为外键属性,引用了关系 Project 的主键属性 proID,并满足 $PK(\text{Project}) \supseteq PK(\text{Hardware-Project})$,根据定义,关系 Hardware-Project 是关系 Project 的模糊特化关系,同理,关系 Software-Project 也是关系 Project 的模糊特化关系。

定义 5.8 如果一个模糊关系 FR 的主键是外键的子集 PK

$(FR) \subseteq FK(FR)$，并且主属性 $A_i \in PK\ (FR)\ (i \in \{1, 2, \cdots, |PK$ $(FR)|\})$（$|PK(FR)|$ 表示模糊关系 FR 的主属性个数）引用的模糊关系为 $FR_i(A_i(FR) \rightarrow FR_i)$，满足 $PK(FR_i) \subset PK(FR)(i \in \{1, 2, \cdots, |PK(FR)|)$，那么关系 FR 属于模糊关联关系，即 $FR \in FR_a$，其中 FR_a 表示由所有模糊关联关系构成的集合。模糊关联关系 FR 表示了关系 FR_1，FR_2，$\cdots$，$FR_{|PK(FR)|}$ 之间的联系。

在表 5 – 1 中，对于关系 Works-on，满足 $PK(\text{Works-on}) \subseteq FK$ (Works-on)，此外，关系 Works-on 的主键属性 empID 作为外键属性，引用了关系 Employee 的主键属性 empID，并满足 $PK(\text{Employee}) \subset PK(\text{Works-on})$；同时，关系 Works-on 的主键属性 proID 作为外键属性，引用了关系 Project 的主键属性 proID，并满足 $PK(\text{Project}) \subset PK(\text{Works-on})$，所以关系 Works-on 属于模糊关联关系，表示了关系 Employee 和关系 Project 之间的联系。

由上述对模糊关系模式的分类可知，根据一个模糊关系的主键与外键之间的关系，可以识别出一个模糊关系是模糊基本关系、模糊依赖关系、模糊概化关系还是模糊关联关系，同时，也可以识别出一个模糊关系与其外键引用的模糊关系之间的关系。例如，在表 5 – 1 中，关系 Dependent 是模糊依赖关系，与关系 Employee 是部分与整体关系；关系 Hardware-Project 和 Software-Project 是模糊特化关系，与关系 Project 是特化 – 概化关系；关系 Works-on 是模糊关联关系，表示了关系 Employee 和关系 Project 之间多对多联系。

在识别出模糊关系的类型后，需要进一步识别模糊关系之间联系的类型。如果两个不同模糊关系通过外键进行关联，若既不属于部分 – 整体关系也不属于特化 – 概化关系，同时没有通过关联关系进行关联，那么就属于一般的关联关系。对于一般的关联关系，需要识别出关联关系的类型，即是属于一对一联系(1:1)还是属于一对多联系(1:n)，下面给出相应的识别方法。

识别一对一联系：如果一个模糊关系 FR_1 的主键同时作为外键引用了另一个模糊关系 FR_2 的主键，反之亦然，那么这两个模糊关系之间的联系属于一对一联系,记为 $FR_1:FR_2 = 1:1$。

识别一对多联系:如果一个模糊关系 FR_1 的外键属性引用了另一个模糊关系 FR_2 的主键,但模糊关系 FR_2 没有外键引用模糊关系 FR_1,那么模糊关系 FR_2 和 FR_1 之间的联系属于一对多联系,记为 $FR_2:FR_1 = 1:n$。

在表 5 – 1 中,关系 Department 和 Employee、关系 Employee 和 Project、关系 Supplier 和 Hardware-Project 之间的联系属于一般的关联关系,其联系类型为一对多联系。需要指出的是,关系 Employee 和关系 Project 除通过关联关系 Works-on 表示了二者的多对多联系外,同时通过外键 leader-empID 表示了二者的一对多联系。

5.4.2 转换规则

基于模糊关系数据库构建模糊 OWL 本体,就是将模糊关系数据库转换成模糊 OWL 本体,因此,要根据模糊关系数据库的特点,定义一组相应的转换规则,并使用 f – OWL 语言来进行描述。下面给出模糊关系数据库到模糊 OWL 本体的转换规则,转换规则中使用的函数 $\Gamma(\ )$ 用于将模糊关系数据库中的元素转换为模糊 OWL 本体中的对应部分,并以 f – OWL 的 RDF/XML 语法形式给出相应的描述。

规则 1:$\forall FR \in \boldsymbol{FR} \Rightarrow \Gamma(FR) = c \in C$

规则 1 给出模糊关系的转换规则。即将模糊关系数据库中的所有模糊关系都转换成模糊 OWL 本体的一个类。

例如,将关系 Employee 转化为模糊 OWL 本体的一个类,其 RDF/XML 语法表示如下:

< fowl:Class rdf:ID = "Employee"/ >

同基于模糊 EER 模型构建模糊 OWL 本体一样,将模糊关系数据库的一个模糊关系转换为模糊 OWL 本体的类以后,是通过定义类标识符来唯一确定一个类,不需要进行完整性约束。

规则 2:如果属性 A 是模糊关系 FR 的一个经典的非外键属

性,那么要将属性 A 转换为模糊 OWL 本体中与模糊关系 FR 相对应的类的数据类型属性,并将属性 A 的数据类型转换为模糊 OWL 本体中相应的数据类型。

例如,关系 Employee 中的 name 属性应该转化为一个数据类型属性,使用 RDF/XML 语法表示如下:

< fowl:DatatypeProperty rdf:ID = "name"/ >

　　< rdfs:domain rdf:resource = "#Employee" >

　　< rdfs:range rdf:resource = "&xsd:string" >

</fowl:DatatypeProperty >

但是对于模糊关系中的模糊属性,不需要应用规则 2 执行相应转换,这是因为一个模糊属性的不同属性值可以拥有不同的数据类型,这需要在创建模糊 OWL 本体实例时,根据属性值的数据类型对模糊属性作相应处理。

规则 3:$|PK\ (FR)\ | = 1 \cap A \in PK\ (FR) \Rightarrow \Gamma\ (A) = dp \in DP \cap \text{minCardinality}\ (dp) = \text{maxCardinality}\ (dp) = 1$

其中,规则 3 中的 minCardinality (dp)、maxCardinality (dp) 分别表示属性 dp 的最小基数、最大基数限制。

规则 3 说明若一个模糊关系的主属性只有 1 个,那么由该主属性转换得到的数据类型属性的最小基数和最大基数都为 1,即满足非空和唯一性双重约束。

例如,关系 Employee 中的 empID 主键属性应该转化为一个数据类型属性并满足相应的基数限制,其 RDF/XML 语法表示如下:

< fowl: Restriction >

　　< fowl: onProperty rdf:resource = "#empID"/ >

　　< fowl: minCardinality

　　rdf:datatype = "&xsd:nonNegativeInteger" > 1 </fowl:minCardinality >

　　< fowl:maxCardinality

　　rdf:datatype = "&xsd:nonNegativeInteger" > 1 </fowl:maxCardinality >

</fowl:Restriction >

规则 4:$|PK\ (FR)\ | > 1 \cap A_i \in PK\ (FR)\ (i \in \{1, 2, \cdots, |PK\ (FR)|\}) \Rightarrow \Gamma\ (A_i) = dp_i \in DP \cap \text{minCardinality}\ (dp_i) = 1$

规则 4 说明若一个模糊关系的主属性多于 1 个,那么由任一主属性转换得到的数据类型属性的最小基数为 1,即满足实体完整性约束。

例如,模糊关系 Works-on 的主键属性 empID 和 proID 转化为数据类型属性并满足相应限制,其 RDF/XML 语法表示如下:

```
< fowl: Restriction >
    < fowl: onProperty rdf: resource = "#empID"/ >
    < fowl: minCardinality
        rdf: datatype = " &xsd; nonNegativeInteger " > 1 </fowl:
minCardinality >
</fowl: Restriction >
< fowl: Restriction >
    < fowl: onProperty rdf: resource = "# proID"/ >
    < fowl: minCardinality
        rdf: datatype = " &xsd; nonNegativeInteger " > 1 </fowl:
minCardinality >
</fowl: Restriction >
```

模糊关系中的外键建立了两个关系之间的联系,能够表达两个关系间的部分 – 整体关系、特化 – 概化关系或者简单的关联关系,这种语义与 f – OWL 中的对象属性相同。在 f – OWL 中,属性都有定义域(Domain)和值域(Range),由外键转换过来的对象属性的定义域就是外键所在关系对应的类,值域是外键引用的关系所对应的类。本节规则 9 根据外键的特点分别给出了相应的转换规则。

规则 $5:A\ (FR_1) \rightarrow FR_2 \cap FR_1 \in \boldsymbol{FR_d} \Rightarrow \text{PartOf}\ (c_1,\ c_2)$,其中 $c_1 = \varGamma\ (FR_1),c_2 = \varGamma\ (FR_2)$

规则 5 给出了模糊依赖关系 $\boldsymbol{FR_d}$ 中的外键属性的转换规则。如果属性 A 是模糊关系 $FR_1 \in \boldsymbol{FR_d}$ 的外键属性,并引用关系 FR_2,则关系 FR_1 和 FR_2 是部分 – 整体关系,那么创建公理 PartOf $(c_1,\ c_2)$ 来表达关系 FR_1 对应的类 c_1 和关系 FR_2 对应的类 c_2 之间的部分 – 整体关系。例如,对模糊依赖关系 Dependent 与模糊关系 Employee

之间的部分 – 整体关系,相应的 RDF/XML 描述如下:

< fowl:Class　rdf:ID = "Dependent" >

　　< rdfs:PartOf rdf:resource = "# Employee"/>

</fowl:Class >

规则 6:$A(FR_1) \rightarrow FR_2 \cap FR_1 \in \boldsymbol{FR}_s \Rightarrow$ subClassOf (c_1, c_2),
其中 $c_1 = \Gamma(FR_1), c_2 = \Gamma(FR_2)$

规则 6 给出了模糊特化关系 $\boldsymbol{FR}_s$ 中的外键属性的转换规则。因为模糊特化关系 FR_1 的主键也是外键 $PK(FR_1) \subseteq FK(FR_1)$,这样 FR_1 与其主键引用的关系 FR_2 形成了一种特化 – 概化关系,所以创建公理 subClassOf (c_1, c_2) 来表达关系 FR_1 对应的类 c_1 和关系 FR_2 对应的类 c_2 之间的特化 – 概化关系。例如,对模糊特化关系 Hardware-Project 的 RDF/XML 描述如下:

< fowl:Class　rdf:ID = "Hardware-Project" >

　　< rdfs:subClassOf rdf:resource = "# Project"/>

</fowl:Class >

若两个不同模糊关系通过外键有关联关系,但既不属于部分 – 整体关系也不属于特化 – 概化关系,那么需要根据它们联系的不同类型来转换外键。规则 7 与规则 8 分别给出了两种不同类型情况下外键的转换规则。

规则 7:$FR_2:FR_1 = 1:n \cap A(FR_1) \rightarrow FR_2 \Rightarrow \Gamma(A) = op_1$ $(c_1, c_2) \cap$ functional$(op_1) \cap \Gamma(A) = op_2(c_2, c_1) \cap$ Inverse-functional(op_2),其中 $c_1 = \Gamma(FR_1), c_2 = \Gamma(FR_2)$,functional (op_1) 表示属性 op_1 是函数型属性,Inversefunctional(op_2) 表示属性 op_2 是反函数型属性。

规则 7 给出两个模糊关系 FR_2 和 FR_1 一对多联系$(1:n)$的转换规则。事实上,两个模糊关系 FR_2 和 FR_1 的一对多联系包含了两方面的限制:一方面,对于关系 FR_1 中的每一个元组,关系 FR_2 中至多有一个元组与之联系;另一方面,对于关系 FR_2 中的每一个元组,关系 FR_1 中有 n 个元组$(n \geq 0)$与之联系。为描述这两个方向的限制,需要将表示一对多联系的外键属性 $A(A(FR_1) \rightarrow$

FR_2）转换成模糊 OWL 本体中一对互逆的对象属性 $op_1(c_1, c_2)$ 和 $op_2(c_2, c_1)$，且分别定义为函数型属性和反函数型属性。例如，关系 Department 和 Employee 是一对多联系，用对象属性 empTodep（Employee，Department）、depToemp（Department，Employee）分别描述上述两方面的限制，则表示如下：

```
< fowl:ObjectProperty rdf:ID = "empTodep" >
    < rdfs:domain rdf:resource = "# Employee" >
    < rdfs:range rdf:resource = "#Department" >
    < rdf:type rdf:resource = "&owl;FunctionalProperty"/ >
</fowl:ObjectProperty >
< fowl:ObjectProperty rdf:ID = "depToemp" >
    < rdfs:domain rdf:resource = "#Department" >
    < rdfs:range rdf:resource = "#Employee" >
    < rdf:type rdf:resource = "&owl;InverseFunctionalProperty"/ >
</fowl:ObjectProperty >
```

规则 8：$FR_1 : FR_2 = 1 : 1 \cap A_1(FR_1) \rightarrow FR_2 \cap A_2(FR_2) \rightarrow FR_1 \Rightarrow \Gamma(A_1) = op_1(c_1, c_2) \cap \text{functional}(op_1) \cap \Gamma(A_2) = op_2(c_2, c_1) \cap \text{functional}(op_2)$，其中 $c_1 = \Gamma(FR_1)$，$c_2 = \Gamma(FR_2)$

规则 8 说明如果两个模糊关系是一对一联系（1:1），那么将关联两个模糊关系的外键 A_1 和 A_2 分别转换成互逆的对象属性 op_1 和 op_2，并且二者都要定义为函数型属性。

规则 9：$\forall FR \in \boldsymbol{FR}_a \cap A_i \in PK(FR) \cap A_i(FR) \rightarrow FR_i \cap FR : FR_i = n : 1 \Rightarrow \Gamma(A_i) = op_i(c, c_i) \cap \text{functional}(op_i) \cap \Gamma(A_i) = op_i'(c_i, c) \cap \text{Inversefunctional}(op_i')$，其中 $i \in \{1, 2, \cdots, |PK(FR)|\}$

规则 9 给出了模糊关联关系 $\boldsymbol{FR}_a$ 中的外键的转换规则。对一个模糊关联关系 FR 而言，它与主键属性 A_i（A_i 亦是外键属性）引用的关系之间是多对一联系，按照规则 7，需要将每个主键属性 A_i（$i \in \{1, 2, \cdots, |PK(FR)|\}$）转换成一对互逆的对象属性 $op_i(c, c_i)$ 和 $op_i'(c_i, c)$，并分别定义为函数型属性和反函数型属性。

规则 10：$\forall A \in H(FR) \cap \text{UNIQUE}(A) \Rightarrow \Gamma(A) = dp \cap$ maxCardinality $(dp) = 1$

规则 10 给出了模糊关系中属性的唯一性约束的转换规则，其中 UNIQUE (A) 表示属性 A 上有唯一性约束。如果模糊关系中的一个属性有唯一性约束，那么由该属性转换得到的模糊 OWL 本体的数据类型属性的最大基数为 1。

规则 11：$\forall A \in H(FR) \cap \text{NOT NULL}(A) \Rightarrow \Gamma(A) = p \cap$ minCardinality $(p) = 1$

规则 11 给出了模糊关系中属性的非空约束的转换规则，其中 UULL (A) 表示属性 A 上有非空约束。如果模糊关系中的一个属性有非空约束，那么由该属性转换得到的模糊 OWL 本体属性（包括数据类型属性和对象属性）的最小基数为 1。

此外，如果模糊关系数据库中的属性还有其它方面的约束，可以将这些约束转换成模糊 OWL 本体的属性约束。模糊 OWL 本体的属性约束分为两类，包括取值约束（Value Constraints）和基数约束（Cardinality Constraints），这里不再一一列举。

5.4.3　转换算法

使用上述转换规则实现模糊关系数据库到模糊 OWL 本体的转换算法如本节算法 5 − 1 所示。该算法解决两方面问题：一方面，要将模糊关系数据库中的所有元素转换为模糊 OWL 本体的对应部分；另一方面，将所有由模糊基本关系转换的类连接到模糊 OWL 本体的根类上。

算法 5 − 1　模糊关系数据库到模糊 OWL 本体的转换算法

输入：模糊关系数据库中的模糊关系

输出：模糊 OWL 本体

1.　For 模糊关系数据库中每个模糊关系 FR

2.　　　　应用规则 1

3.　EndFor

4.　For 每个模糊关系的每个经典的非外键属性 A

5.　　应用规则 2

6.　　If（属性 A 上有 UNIQUE 约束），那么应用规则 10

7.　　If（属性 A 上有 NOT NULL 约束），那么应用规则 11

8.　EndFor

9.　For 每个模糊关系 FR 的主键属性 $PK(FR)$

10.　　If（$|PK(FR)|=1$），那么应用规则 3

11.　　Else　应用规则 4

12.　EndFor

13.　For 每个模糊关系 FR 的外键属性 $A \in FK(FR)$

14.　　If（$FR \in FR_d$），那么应用规则 5

15.　　If（$FR \in FR_s$），那么应用规则 6

16.　　If（$FR \in FR_a$），那么应用规则 9

17.　　If（$FR \in FR_b$）

18.　　　　If（FR 与其外键属性 A 引用的模糊关系之间联系的
　　　　类型是 $1:1$），那么应用规则 8

19.　　　　If（FR 与其外键属性 A 引用的模糊关系之间联系的
　　　　类型是 $1:n$），那么应用规则 7

20. EndFor

21. 将所有由模糊基本关系转换成的类连接到模糊 OWL 本体的
根类上

在算法 5-1 中，第 13 行到第 20 行表示了当一个模糊关系有
外键，需要根据外键所在关系的类型（如模糊依赖关系、模糊特化
关系、模糊关联关系或是模糊基本关系）来应用相应的转换规则。
此外，对于一个模糊基本关系，需要判断该关系与外键引用的关系
之间联系的类型，如果属于一对一联系，则应用规则 8；如果属于
一对多联系，则应用规则 7。

算法 5-1 在应用转换规则实现模糊 OWL 本体的构建时，同

样体现了不需要一次性完成对某个模糊关系或其属性所有限制的转换,这是由 f-OWL 这种标记性语言的特点所决定的,体现了模糊 OWL 本体构建的特殊性。

5.5　模糊 OWL 本体实例的创建

　　基于模糊关系数据库构建模糊 OWL 本体,一方面要应用转换规则将模糊关系模式转化为模糊 OWL 本体结构,一方面还要在模糊 OWL 本体结构的基础上将保存在模糊关系模型中的数据转换为模糊 OWL 本体的实例,即进行数据迁移。因为模糊 OWL 本体实例的声明和 f-RDF 一样,采用的是 f-RDF 描述和数据类型信息,所以,创建模糊 OWL 本体的实例,就是将模糊关系模型中的数据转换为 f-RDF 格式的数据,实现模糊关系模型到 f-RDF数据模型的转换。

　　RDF 将"资源(resource)"定义为任何可被 URI 引用(URIref)标识的事物。因此,使用 URIref,RDF 实际上可以描述任何事物,并陈述这些事物之间的关系。因为经典 RDF 模型不支持模糊数据的表示,所以本章在 f-RDF 模型(见第3章)的基础上,讨论利用 f-RDF 描述模糊关系数据库中的数据,进而讨论生成模糊 OWL 本体的实例具有可行性。

　　f-RDF 三元组的断言用于描述一些关系,即由谓词说明三元组的主体和客体表示的事物之间的关系。但是 f-RDF 模型只能直接表示二元关系,而模糊关系数据库允许一个关系有任意多个列,这实质上是一个 n 元(n-ary)关系。为了在 f-RDF 中描述这种结构,必须把这个 n 元关系分解为一组二元关系。下面给出将模糊关系模型中的一个元组转换为模糊 OWL 本体实例(即一组 f-RDF三元组)的步骤:

　　(1) 将模糊关系模型中的一个元组转换为模糊 OWL 本体的一个实例,并为该实例分配一个唯一的标识符,以这个唯一标识符作为一组 f-RDF 三元组共同的主体,该主体有一个 rdf:type 类型的属性,其值形如"类名/隶属度属性值",其中由"类名"指出模糊 OWL 本体实例所在的类,隶属度属性值表示模糊 OWL 本体实例对于其所属的类的隶属程度。

(2)将元组的各个属性名分配给这组 f – RDF 三元组的对应谓词。

(3)将元组的各个属性值赋值给这组 f – RDF 三元组的对应客体,其中,将元组的非外键属性值赋值给模糊 OWL 本体实例的数据类型属性,而对于外键属性,因其对应着模糊 OWL 本体的对象属性,所以要将外键属性值转换成模糊 OWL 本体的一个实例(由 f – RDF 中的 rdf:ID 属性值中给出),并赋值给由外键生成的模糊 OWL 本体的对象属性。

下面以表 5 – 2 和表 5 – 3 中的元组为例,说明模糊 OWL 本体实例的创建方法。其中,表 5 – 2 中的 age 属性值"&35"中的符号"&"表示大约值的含义,即年龄大约为 35 岁。对于表 5 – 2 模糊关系模型的第一个元组,其相应的模糊 f – RDF 图如图 5 – 1 所示。

表 5 – 2　Employee 关系的样本数据

empID	name	age	depID	postalcode	street	city	μD
1001	John Smith	young	0306	110004	Qingnian	Shenyang	0.85
1002	Bill Black	&35	0306	110011	Heping	Shenyang	0.9
1003	Ann Miller	middle	0307	110015	Fengtian	Shenyang	0.8

表 5 – 3　Department 关系的样本数据

depID	name
0306	dept1
0307	dept2

其中,"emp_1001"是由该元组生成的模糊 OWL 本体的实例名,其 RDF/XML 描述如下所示:

< fowl: individual fowl: name = "emp_1001" >

< fowl: membershipOf rdf: resource = "#Employee" />

< fowl：moreOrEquivalent fowl：value = 0.85/ >

</fowl：individual >

< Employee rdf：ID = "emp_1001" >

    < empID rdf：datatype = "&xsd；string" > 1001 </empID >

    < name rdf：datatype = "&xsd；string" > John Smith </name >

    < age rdf：datatype = "&fd；tag" rdf：ID = "young"/ >

    < depID rdf：resource = "#0306"/ >

    < postalcode rdf：datatype = "&xsd；string" > 110004 </postal-code >

    < street rdf：datatype = "&xsd；string" > Qingnian </street >

    < city rdf：datatype = "&xsd；string" > Shenyang </city >

</Employee >

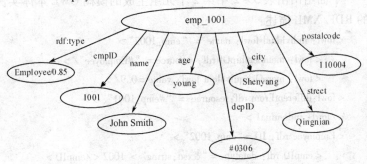

图 5 - 1 模糊 RDF 图

在上面的描述中,实例 emp_1001 的 age 属性值为"young",属于 Tag 数据类型。此外,实例 emp_1001 的对象属性 depID 的值是一个实例(rdf：ID = "0306")。由表 5 - 1 中的模糊关系模式可知,模糊关系 Employee 的外键属性 depID 引用的是模糊关系 Department 的主键,所以,实例(rdf：ID = "0306")所属的类是由关系 Department 转换得到的类。因此,实例(rdf：ID = "0306")应该和由关系 Department 的第 1 个元组所生成的模糊 OWL 本体实例(假设这个实例的标识符为 dep_0306)是同一个实例,这需要通过使用 fowl：sameAs 构造子进行声明,如下所示:

< Department rdf：ID = "0306" >

```
    < fowl：sameAs   rdf：resource = "#dep_0306" / >
</Department >
```

其中,对实例 dep_0306 的 RDF/XML 描述如下所示:

```
< fowl：individual fowl：name = "dep_0306" >
    < fowl：membershipOf rdf：resource = "#Department" / >
    < fowl：moreOrEquivalent fowl：value = 1/ >
</fowl：individual >
< Department rdf：ID = "dep_0306" >
    < depID rdf：datatype = "&xsd；string" >0306 </depID >
    < name rdf：datatype = "&xsd；string" >dept1 </name >
</Department >
```

下面给出由表 5 - 2 中第 2 个元组生成的模糊 OWL 本体实例的 RDF/XML 描述:

```
< fowl：individual fowl：name = "emp_1002" >
    < fowl：membershipOf rdf：resource = "#Employee" / >
    < fowl：moreOrEquivalent fowl：value = 0. 9/ >
< fowl：differentFrom rdf：resource = "#emp_1001" / >
</fowl：individual >
< Employee rdf：ID = "emp_1002" >
    < empID rdf：datatype = "&xsd；string" > 1002 </empID >
    < name rdf：datatype = "&xsd；string" > Bill Black </name >
    < age rdf：datatype = "&fd；approx"   rdf：ID = "35" / >
    < depID rdf：resource = "#0306" / >
    < postalcode rdf：datatype = "&xsd；string" >110011 </postalcode >
    < street rdf：datatype = "&xsd；string" > Heping </street >
    < city rdf：datatype = "&xsd；string" > Shenyang </city >
</Employee >
```

其中,由构造子 fowl：differentFrom 指出实例 emp_1002 不同于实例 emp_1001(f - OWL 不使用唯一命名假设),对于多个实例若定义其相互不同,可使用构造子 fowl：allDifferent 进行描述,并结合 fowl：distictMembers 一起使用。对于由其它元组生成的模糊 OWL 本体实例的描述,和上面描述具有相似性,不再赘述。

此外,表 5 - 2 所示的模糊关系模型中,属性 city(城市)、street(街区)和 postalcode(邮政编码)这 3 个属性可以构成一组,来共同描述一个雇员(employee)的地址,这样的属性在模糊 EER 模型中通常是以复合属性(例如 address)形式出现,而模糊关系模型中不支持复合属性的表示。但是在 f - RDF 模型中,可以采用匿名结点来描述复合属性,即创建一个匿名结点来描述复合属性(例如 address),而属性 city、street 和 postalcode 则被描述成由匿名结点标识的新资源的各个属性,如图 5 - 2 所示。这种转换方法的优点是可以将一些相关属性聚集起来,使 f - RDF 模型更加清晰,缺点是容易导致大量匿名结点的出现。具体地,一个以匿名结点为主体或客体的陈述,在 RDF/XML 中可以用一个拥有 rdf:nodeID 属性的元素来描述。

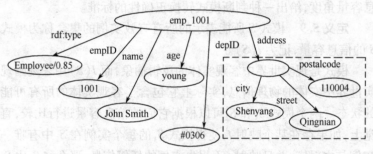

图 5 - 2　含匿名结点的模糊 RDF 图

下面给出图 5 - 2 的 RDF/XML 描述:

```
< fowl: individual fowl: name = "emp_1001" >
    < fowl: membershipOf rdf: resource = "#Employee"/ >
    < fowl: moreOrEquivalent fowl: value = 0. 85/ >
</fowl: individual >
< Employee rdf:ID = "emp_1001" >
    < empID rdf: datatype = "&xsd; string" > 1001 </empID >
    < name rdf:datatype = "&xsd; string" > John Smith </name >
    < age rdf: datatype = "&fd; tag"    rdf:ID = "young"/ >
    < depID rdf:resource = "#0306"/ >
```

< address rdf:nodeID = "abc"/ >

</Employee >

< rdf:Description rdf:nodeID = "abc" >

  < postalcode rdf:datatype = "&xsd;string" > 110004 </postalcode >

  < street rdf:datatype = "&xsd;string" > Qingnian </street >

  < city rdf:datatype = "&xsd;string" > Shenyang </city >

</rdf:Description >

5.6　正确性证明

基于模糊关系数据库构建模糊 OWL 本体,实现的是一种模式到另一种模式的转换,因此要考虑模式转换的正确性,下面从信息容量角度,给出一种判断模式转换正确性的标准。

定义 5.9　模式 S 所能表示的所有有效实例的集合称为模式 S 的信息容量,记为 $I(S)$。

模式是现实世界中客观实体的逻辑抽象,而 $I(S)$ 用来刻画现实世界中实体的物理信息,实际上它包含了客观实体的所有可能的状态。两个模式 S_1 和 S_2 可以根据它们的信息容量进行比较,直觉上,如果存在某个映射 f,使得模式 S_1 的每个实例在 S_2 中有唯一实例与之对应,并且映射 f 不损失实例的任何信息,那么称 S_2 比 S_1 具有更大的信息容量。这里,所谓"f 不损失实例的任何信息"是指必须能够通过该映射的逆映射从像实例恢复出唯一的源像实例。

定义 5.10　设 S_1 和 S_2 是两个模式,$I(S)$ 表示模式 S 的信息容量,如果 $f: I(S_1) \rightarrow I(S_2)$ 是一个在 S_1 上定义的单射函数,那么称 f 是从 S_1 到 S_2 的保持信息容量的映射(尽管在理论上 f 可以采用不同的映射方法,但在本书中特指取相同实例的那种映射)。

定义 5.11　如果 $f: I(S_1) \rightarrow I(S_2)$ 是一个双射函数,那么称 f 是从 S_1 到 S_2 的保持等价性的映射。

定义 5.12　如果 $f: I(S_1) \rightarrow I(S_2)$ 是一个从 S_1 到 S_2 的保持信

息容量的映射,那么称 S_2 通过 f 和 S_1 保持信息容量。

定义 5.13　如果 $f\colon I(S_1) \to I(S_2)$ 是一个从 S_1 到 S_2 的保持等价性的映射,那么称 S_2 通过 f 和 S_1 等价。

目前还没有一个统一的标准用于判断模式转换的正确性。理想情况下,希望模式转换是保持等价性的,但是,一般情况下,保持信息容量的模式转换就认为是正确的模式转换。

定理 5.1　给定一个模糊关系数据库 FR,模糊基本关系集合 FR_b、模糊依赖关系集合 FR_d、模糊特化关系集合 FR_s 和模糊关联关系集合 FR_a 是对模糊关系数据库 FR 的一个划分。

证明:一个模糊关系数据库是一些模糊关系的集合。由定义可知,对于任意模糊关系 $FR \in FR_b$,满足 $PK(FR) \cap FK(FR) = \varnothing$;对于任意模糊关系 $FR \in FR_d$,满足 $PK(FR) \supset FK(FR)$;而对于模糊关系 $FR \in FR_s$ 和模糊关系 $FR \in FR_a$ 都满足 $PK(FR) \subseteq FK(FR)$,即主键同时也是外键,但对于模糊特化关系 FR_s,若主属性 $A \in PK(FR_s)$ 引用的模糊关系为 FR',则满足 $PK(FR') \supseteq PK(FR_s)$,而对于模糊关联关系 FR_a,若主属性 $A \in PK(FR_a)$ 引用的模糊关系为 FR'',则满足 $PK(FR'') \subset PK(FR_a)$,所以模糊基本关系 FR_b、模糊依赖关系 FR_d、模糊特化关系 FR_s 和模糊关联关系 FR_a 两两不相交。

因为对于任意一个模糊关系 $FR \in FR$,一定满足条件 $PK(FR) \cap FK(FR) = \varnothing$ 和 $PK(FR) \cap FK(FR) \neq \varnothing$ 之一,这样对于任意一个模糊关系 FR,或者属于模糊基本关系 FR_b,或者属于集合 $\{FR_d \cup FR_s \cup FR_a\}$,即 $FR_b \cup FR_d \cup FR_s \cup FR_a = FR$。又因为模糊基本关系 (FR_b)、模糊依赖关系 (FR_d)、模糊特化关系 (FR_s) 和模糊关联关系 (FR_a) 两两不相交,所以对于任意一个模糊关系 FR 属于且仅属于 FR_b、FR_d、FR_s 或 FR_a 其中一个集合。所以模糊基本关系 (FR_b)、模糊依赖关系 (FR_d)、模糊特化关系 (FR_s) 和模糊关联关系 (FR_a) 是模糊关系数据库 (FR) 的一个划分。

定理 5.2　给定一个模糊关系数据库,所有模糊基本关系

FR_b 到模糊 OWL 本体 FO 的转换是一个保持等价性的转换。

证明:按本书提出的基于模糊基本关系创建模糊 OWL 本体实例的方法,建立一个从 $I(FR_b)$ 到 $I(FO)$ 的关系 f: $I(FR_b) \rightarrow I(FO)$。设 $\varepsilon \in I(FR_b)$,若 $FR_b = \{FR_1, FR_2, \cdots, FR_n\}$,那么实例 ε 是任意模糊关系 $FR_i(i = 1, 2, \cdots, n)$ 的一个元组,由 f 创建的实例 $f(\varepsilon) \in I(FO)$,将该元组 ε 在其属性列上的诸分量赋值给与模糊基本关系属性对应的模糊 OWL 本体的属性,这样得到的 $f(\varepsilon)$ 是一组 f - RDF 三元组,这组 f - RDF 三元组的共同主体是为 ε 分配的唯一标识符 εID,谓词是对应模糊关系各个属性 A_j^i 的模糊 OWL 本体的各个属性 $\Gamma(A_j^i)$,客体为元组 ε 在其属性列上的诸分量 $\varepsilon[A_j^i]$。形式上 f 定义如下:

For $i = 1$ to n // n 个关系

    $FR_i = (A_1^i, A_2^i, \cdots, A_k^i)$

    For 每个 FR_i 的每个元组 ε

        为 ε 分配唯一标识符 εID

        For $j = 1$ to k

            $f(\varepsilon)[j] = (\varepsilon\text{ID} \quad \Gamma(A_j^i) \quad \varepsilon[A_j^i])$ // 其中 $f(\varepsilon)[j]$ 表示 $f(\varepsilon)$ 的第 j 个三元组,$\varepsilon[A_j^i]$ 是元组 ε 在属性 A_j^i 上的分量

证明 f 是一个函数。由 f 的定义可知,f 为每一个元组 ε 分配了唯一标识符,这样能够保证 $f(\varepsilon)$ 是模糊 OWL 本体 FO 的一组有效的 f - RDF 三元组,即模糊 OWL 本体的一个实例,所以 f 是一个从模糊基本关系 FR_b 到模糊 OWL 本体 FO 的函数。

证明 f 是单射。设 $\varepsilon_1[FR_i]$ 和 $\varepsilon_2[FR_i]$ 是模糊关系 $FR_i(A_1, A_2, \cdots, A_k)$ 的两个不同实例(元组),若 $\varepsilon_1 = (\varepsilon_1[A_1^i], \varepsilon_1[A_2^i], \cdots, \varepsilon_1[A_k^i])$,$\varepsilon_2 = (\varepsilon_2[A_1^i], \varepsilon_2[A_2^i], \cdots, \varepsilon_2[A_k^i])$,则至少存在一个 $j(j \in \{1, 2, \cdots, k\})$ 使得 $\varepsilon_1[A_j^i] \neq \varepsilon_2[A_j^i]$。由 f 的定义,可知 $f(\varepsilon_1)[j] = (\varepsilon_1\text{ID} \quad \Gamma(A_j^i) \quad \varepsilon[A_j^i])$,$f(\varepsilon_2)[j] = (\varepsilon_2\text{ID} \quad \varepsilon(A_j^i) \quad \varepsilon[A_j^i])$ $(j = 1, 2, \cdots, k)$。由至少存在一个 $j(j \in \{1, 2, \cdots, k\})$ 使得 $\varepsilon_1[A_j^i] \neq \varepsilon_2[A_j^i]$,可得,至少存在一个 $j(j \in \{1, 2, \cdots, k\})$ 使得 $f(\varepsilon_1)[j] \neq f(\varepsilon_2)[j]$,所以 $f(\varepsilon_1) \neq$

$f(\varepsilon_2)$。所以 f 是单射。

证明 f 是满射。设 $\varepsilon \in I(FO)$ 是模糊 OWL 本体的一个任意实例，即 ε 是一组 f-RDF 三元组（εID P_j^i $\varepsilon [P_j^i]$）（$j = 1, 2, \cdots, k$），其中 εID 是这组三元组的共同主体，P_j^i 是模糊 OWL 本体实例 ε 的各个属性（Property），$\varepsilon [P_j^i]$ 是实例 ε 在各属性 P_j^i 上的分量。对于实例 $\varepsilon \in I(FO)$，按如下方法构造模糊基本关系 FR_i 的实例 ε'：对 ε 在各属性上的分量 $\varepsilon [P_j^i]$（$j = 1, 2, \cdots, k$），令（$\varepsilon [P_1^i]$，$\varepsilon [P_2^i]$，$\cdots$，$\varepsilon [P_k^i]$）$\in \varepsilon' [FR_i]$。显然，ε' 是模糊基本关系 FR_b 的一个有效实例，并且 $f(\varepsilon') = \varepsilon$。所以 f 是满射。

综上所述，$f: I(FR_b) \rightarrow I(FO)$ 是一个从模糊基本关系 FR_b 到模糊 OWL 本体 FO 的双射函数，所以，从模糊基本关系 FR_b 到模糊 OWL 本体 FO 的转换是一个保持等价性的转换。

定理 5.3　给定一个模糊关系数据库 FR，所有模糊依赖关系 FR_d 到模糊 OWL 本体 FO 的转换是一个保持等价性的转换。

定理 5.4　给定一个模糊关系数据库 FR，所有模糊特化关系 FR_s 到模糊 OWL 本体 FO 的转换是一个保持等价性的转换。

定理 5.5　给定一个模糊关系数据库 FR，所有模糊关联关系 FR_a 到模糊 OWL 本体 FO 的转换是一个保持等价性的转换。

定理 5.3、定理 5.4 和定理 5.5 的证明参照定理 5.2 的证明过程即可得证。

由上述 5 个定理可得，从模糊关系数据库到模糊 OWL 本体的转换是一个保持等价性的转换，所以基于模糊关系数据库的模糊 OWL 本体的构建方法具有正确性。

5.7　本章小结

模糊关系数据库中包含了大量的模糊数据，能够为模糊 OWL 本体实例的创建提供数据源，丰富模糊 OWL 本体知识的表达。鉴于此，本章提出利用模糊关系数据库来构建模糊 OWL 本体。首先给出了模糊关系模型的形式化定义，在此基础上，通过从模糊描述逻辑角度分析模糊关系数据库与模糊 OWL 本体之间的关系,指出基于模糊关系数据库构建模糊 OWL 本体具有可行性;其次,给出基于模糊关系数据库构建模糊 OWL 本体的步骤,通过对模糊关系模式的语义进行识别,指出按模糊关系主键和外键之间的关系,可以将模糊数据库中的模糊关系分为模糊基本关系、模糊依赖关系、模糊特化关系和模糊关联关系 4 类;第三,给出模糊关系数据库到模糊 OWL 本体的转换规则和算法,并提出以模糊关系数据库的数据构建模糊 OWL 本体实例的方法。结合一个模糊关系数据库例子,进一步说明了模糊关系模式语义的识别和模糊OWL 本体构建的具体方法,并以 RDF/XML 语法形式描述了生成的模糊 OWL 本体;最后,以信息容量为基础,证明了基于模糊关系数据库的模糊 OWL 本体构建方法的正确性。

第6章 模糊 OWL 本体的
数据库存储

为了更好地管理和使用模糊 OWL 本体,需要将模糊 OWL 本体进行合理、有效的存储。鉴于模糊关系数据库在模糊数据表示与处理方面的优势,本章研究利用模糊关系数据库存储模糊 OWL 本体的方法。

6.1 节通过分析本体的存储现状,指出利用模糊关系数据库存储模糊 OWL 本体具有可行性;6.2 节研究了模糊 OWL 本体在模糊关系数据库中的存储模式,并给出了模糊 OWL 本体结构及实例的具体存储方法;6.3 节证明了基于模糊关系数据库的模糊 OWL 本体存储方法的正确性;6.4 节对本章进行小结。

6.1 引 言

随着本体的广泛应用,对于本体存储与查询的需求日益增多。本体的存储方法主要分为两大类:基于纯文本存储和基于关系数据库存储。

基于纯文本存储方法是将本体库以文件形式存储在本地文件系统中,本体库可以采用多种文件形式,如 XML、RDF(S)和 OWL 等,系统读取本体库时,可以自动判别数据格式。这种存储形式的缺点在于不适合较大规模的本体库,因为它每次都需要读入内存操作,受到内存大小的限制。

目前,很多研究学者提出以关系数据库作为本体持久存储的基础。由于本体结构和关系模型的差异,可以采用多种存储模式,如:水平模式、垂直模式、分解模式以及上述几种模式的混合。

水平模式是在关系数据库中建立一个通用的表,表中的列是本体的属性,本体中的每个实例都是该表的一个记录。这种模式比较简单,但是这个通用的表包含了大量的列,而现有关系数据库系统对一张表中列的个数有所限制,所以该模式无法存储规模较大的本体。另外,该通用表的模式会不断变化,即随着本体结构的修改需要不断地增加或删除表中的列,这在当前关系数据库系统中要付出很大的代价。

垂直模式包含一张三元组表,表中的每个实例都对应一个 RDF 三元组,即本体中所有信息都使用 RDF 三元组来表示。这种模式设计稳定,随着本体的修改只需要修改表中相应的元组。此外,该模式通用性好,因为现有的本体都可以转换为 RDF 模型来表示。该模式的不足在于,对每个本体实例的查询都必须搜索整个关系数据库,而那些涉及到需要进行表连接的查询的效率非常低。

分解模式有两种,一种是基于类的分解模式,即为本体中的每个类都创建一张单独的表,表名为类名,表的列为类的属性,这种表结构清晰,但是很难适应本体动态变化的情况,因为随着本体中类或者属性的变化,表结构都要发生变化。另外一种是基于属性的分解模式,即为本体中的每个属性创建一张单独的表,表名为属性名,每个表都包含两个列,分别代表 RDF 三元组中的主体和客体。这种分解模式方法同样需要随着本体结构的变化而不断地创建和删除表,而这些操作在关系数据库系统中的开销非常大。

通过对现有本体存储模式的分析,可以发现理想的本体存储模式应该满足下列要求:

(1)具有尽可能高的规范化程度(例如满足 3NF 或 BCNF)。

(2)易于理解。该原则是为了便于本体查询的实现,如果模式结构不直观,会给查询语句的设计带来困难。

(3)结构稳定。即本体结构的变化不会引起关系数据库表结构的变化。因为本体结构在不断进化,如果设计的模式结构随着本体结构的变化而变化,那么就会增加对关系数据库系统维护的代价。

(4) 利于查询。因为当将本体存储在关系数据库中以后,需要经常查询本体的数据,所以对本体存储模式的设计,应该考虑到查询效率问题。

近几年来,随着语义 Web 的发展,有大量研究致力于模糊本体的构建,并取得了一定的研究成果,但是对模糊本体存储的研究工作还比较少。因此从应用的角度,如何有效地存储这些现存的模糊本体并尽量保持模糊本体的语义信息是语义 Web 研究中一个很有意义的研究方向。

与经典本体的存储相比,模糊 OWL 本体的存储不但要满足经典本体存储模式的要求,还要处理大量的模糊数据,这给模糊 OWL 本体的存储带来巨大的挑战。鉴于模糊关系数据库在模糊数据表示与处理方面的优势,对于模糊 OWL 本体海量数据的存储,使用模糊关系数据库是一种较好的选择。基于模糊关系数据库存储模糊 OWL 本体就是将模糊 OWL 本体的结构和 f－RDF 格式的数据按照一定的策略组织在模糊关系数据库中。同时,借助模糊关系数据库在模糊数据存储和管理等方面的技术能够满足用户存储大规模模糊数据、快速响应查询等方面的需求。由于模糊 OWL 本体数据复杂的图形结构与模糊关系数据库简单的扁平结构之间存在着巨大的差异,这种存储方式的关键在于如何将复杂的本体图形模式转换成简单的关系模式。

本章首先给出模糊 OWL 本体的存储模式,在此基础上,研究模糊 OWL 本体的结构与实例在模糊关系数据库中的存储方法。

6.2　模糊 OWL 本体的存储模式

利用模糊关系数据库存储模糊 OWL 本体,也就是把模糊 OWL 本体模型转化为模糊关系数据库模型,实现一个模式到另一个模式的转换。根据模糊 OWL 本体的特点要考虑两个层面的转换,一是模糊 OWL 本体的结构,另一个是模糊 OWL 本体的实例。基于模糊 OWL 本体与模糊关系模型元素之间的对应关系,将模糊 OWL 本体结构转换为模糊关系模式,将模糊 OWL 本体实例转换为模糊关系的元组。具体的模糊 OWL 本体的存储模式如图 6-1 所示,下面对该存储模式涉及到的表进行介绍。

(1)Resource 表。这个表用于对模糊 OWL 本体中涉及到的所有资源(Resource)进行描述,包括 5 个字段:ontology、rid、namespace、localname、type。其中,字段 ontoname 用来描述所存储的模糊 OWL 本体名;字段 rid 是该表的主键,用来唯一标识模糊 OWL 本体中的任意资源,在模糊 OWL 本体中资源严格区分为类(Class)、属性(Property)和实例(Instance),所以字段 rid 的值可以是类标识符,也可以是属性或实例标识符;字段 namespace 和 localname 用来描述模糊 OWL 本体中任意资源的 URIref,这是因为在模糊 OWL 本体中,使用 URIref 来唯一标识一个资源,而 URIref 是由符号"#"分隔的命名空间(Namespace)和内部名(Localname)两部分组成,所以使用两个字段来描述这一信息;字段 type 用来描述资源的类型,其值可以是 class(类)、property(属性)或 instance(实例)。

(2)C_relation 表。这个表存储模糊 OWL 本体中类之间的子类关系、等价关系或部分关系等一些特殊的二元关系,包括 4 个字段:cid1、cid2、relationship、μD。其中,字段 cid1 和 cid2 表示类标识符,二者共同构成表的主键,同时作为外键,引用 Resource 表中的 rid 属性;字段 relationship 用于来描述两个类之间的二元关系,该字段值可以为 subclass(子类关系)、equivalentclass(等价关系)或 partof(部分关系)等;字段 μD 表示两个类属于某个特定关系的隶属度,其取值介于[0,1]之间。

C_intersection、C_union、C_complement、C_oneof 和 C_disjoint 表:模糊 OWL 本体的描述语言 f-OWL 提供了一些用于构建类的构造子,这些构造子被用于创建类表达式,而形成复杂类。这些构造子包括用于集合操作的交(intersectionOf)、并(unionOf)、补

(complementOf)构造子,以及枚举(oneOf)和不相交(disjointWith)构造子。表 C_intersection、C_union、C_complement、C_oneof 和 C_disjoint则分别用于存储由上述构造子而形成的复杂类,其中字段 cid 表示复杂类的标识符,是表的主键,同时作为外键,引用 Resource 表中的 rid 属性;对某一个特定的由上述构造子形成的复杂类而言,可以用字段 int、union、com、oneof 或 disjoint 来存储类的交、并、补、枚举或不相交。

(3)P_relation 表。这个表存储模糊 OWL 本体属性之间的子属性关系、等价属性关系以及逆属性关系等,包括 3 个字段:pid1、pid2、relationship。其中,字段 pid1 和 pid2 表示属性标识符,是表的主键,同时作为外键,引用 Resource 表中的 rid 属性;字段 relationship用来描述两个属性之间的二元关系,该字段值可以为 subproperty(子属性)、equivalentproperty(等价属性)或 inverseOf(逆属性)等。

(4)P_dom 表。这个表存储模糊 OWL 本体属性的定义域,包括 2 个字段:pid 和 domain。其中,字段 pid 表示属性标识符,是表的主键,同时作为外键,引用 Resource 表中的 rid 属性;字段domain 表示属性的定义域类。

(5)P_ran 表。这个表存储模糊 OWL 本体属性的值域,包括 2 个字段:pid 和 range。其中,字段 pid 表示属性标识符,是表的主键,同时作为外键,引用 Resource 表中的 rid 属性;字段 range 表示性的值域,对于对象属性,其值是一个类,对于数据类型属性,其值是属性的数据类型。

(6)P_char 表。这个表存储模糊 OWL 本体的属性特性,包括 3 个字段:pid、type、character。其中,字段 pid 表示属性标识符,是表的主键,同时作为外键,引用 Resource 表中的 rid 属性;字段 type 描述属性的类型,其值可以是 ObjectProperty(对象属性)或 DatatypeProperty(数据类型属性);字段 character 描述属性的特性,其值可以是 TransitiveProperty(传递属性)、SymmetricProperty(对称属性)、FunctionalProperty(函数型属性)或 InverseFunctionalProperty

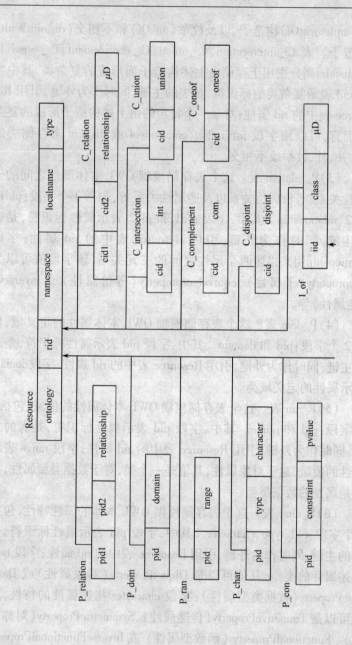

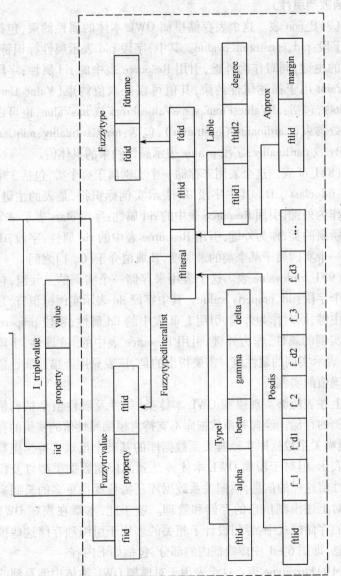

图6-1　模糊OWL本体的存储模式

（反函数型属性）。

（7）P_con 表。这个表存储模糊 OWL 本体的属性约束,包括3 个字段:pid、constraint、pvalue。其中,字段 pid 表示属性标识符,是表的主键,同时作为外键,引用 Resource 表中的 rid 属性;字段 constraint 用于描述属性约束,其值可以是取值约束（Value Constraints）,包括:allValuesFrom、someValuesFrom 或 hasValue,也可以是基数约束（Cardinality Constraints）,包括:maxCardinality、minCardinality 或 cardinality;字段 pvalue 表示属性约束的具体值。

（8）I_of 表。这个表用来存储一个实例属于哪个类,包括 3 个字段:iid、class、μD。其中字段 iid 表示实例标识符,是表的主键,同时作为外键,引用 Resource 表中的 rid 属性;字段 class 表示一个实例所属的类,作为外键,引用 Resource 表中的 rid 属性;字段 μD 表示一个实例属于某个类的隶属度,其取值介于[0,1]之间。

（9）I_triplevalue 表。这个表用来存储一个实例的三元组,包括 3 个字段:iid、property、value。其中字段 iid 表示实例标识符,是表的主键,同时作为外键,引用 I_of 表中的 iid 属性;字段 property 表示实例的属性,作为外键,引用 Resource 表中的 rid 属性;字段 value 表示实例的属性值。需要指出的是,该表只用于描述属性值是精确值的实例。

上述表能够实现模糊 OWL 本体类、属性及属性值是精确值的实例的存储。经典关系数据库不支持含模糊属性值的实例的存储,模糊关系数据库在经典关系数据库的基础上虽然支持模糊数据的表示,但对于模糊 OWL 本体涉及到的模糊数据类型以及模糊属性值这样的信息,模糊关系数据库还需要提供更多的机制来实现对上述模糊信息的存储和管理。鉴于此,本章在模糊 OWL 本体的存储模式中,专门设计了相关的表用于组织和存储这些模糊信息,即图 6 - 1 中虚线框内的部分,包括如下内容:

（10）Fuzzytype 表。这个表用于对模糊 OWL 本体中涉及到的所有模糊数据类型进行描述,表中包括 2 个字段:fdid 和 fidname。其中字段 fdid 表示模糊数据类型标识符,是表的主键,由本书 3.2

内容可知,模糊数据类型需要在模糊 OWL 本体的外部进行定义;字段 fidname 描述模糊数据类型的名。

(11) Fuzzytrivalue 表。这个表以三元组形式存储了含模糊属性值的实例。表中包括 3 个字段:fiid、property、ftlid。其中字段 fiid 表示实例的标识符,是表的主键,同时作为外键,引用 I_of 表中的 iid 属性;字段 property 表示实例的属性,作为外键,引用 Resource 表中的 rid 属性;字段 ftlid 表示实例模糊属性值的标识符,因为模糊 OWL 本体的实例就是一组 f – RDF 三元组,所以实例的模糊属性值也就是 f – RDF 模糊类型文字(typed literals)中的文字。

(12) Fuzzytypedliterallist 表。这个表存储了所有的模糊值(即模糊类型文字),表中包括 3 个字段:ftliteral、ftlid、fdid。其中字段 ftliteral 描述模糊类型文字中的文字;字段 ftlid 是字段 ftliteral 的标识符,即模糊类型文字中文字的标识符,字段 ftlid 是该表的主键,同时作为外键,引用 Fuzzytrivalue 表中的 ftlid 字段;fdid 字段表示与文字关联的模糊数据类型标识符,引用 Fuzzytype 表中的 fdid 字段。

(13) Type1 表。这个表将所有类型 1 模糊属性中的模糊值以梯形模糊数(Trapezoidal:$[\alpha, \beta, \gamma, \delta]$)的形式进行保存。表中包括 5 个字段:ftlid、alpha、beta、gamma 和 delta。其中,ftlid 字段是该表的主键,同时也是外键,引用 Fuzzytypedliterallist 表中的 ftlid 字段。字段 alpha、beta、gamma、delta 的取值分别为 α、β、γ、δ,分别表示模糊属性值所在模糊集合支集的最小值、核集的最小值、核集的最大值、支集的最大值,如下所示:

$$\alpha = \inf\{x \mid x \in support(ftlid)\}$$
$$\beta = \inf\{x \mid x \in kernel(ftlid)\}$$
$$\gamma = \sup\{x \mid x \in kernel(ftlid)\}$$
$$\delta = \sup\{x \mid x \in support(ftlid)\}$$

其中,对于类型 1 模糊数据类型 Interval(Interval:$[m, n]$),其 alpha、beta、gamma、delta 字段的取值分别为 m、m、n、n;对于数据类型 Approx(Approx:a),其上述 4 个字段的取值分别为 a –

margin、a、a、a + margin，其中 margin 常量由下面的 Approx 表定义；而对于数据类型 Tag 中的语言常量，可以采用梯形模糊数来表示。这样，就将所有类型 1 模糊属性的模糊值的表示统一了起来。

（14）Approx 表。这个表存储了类型 1 模糊数据类型 Approx 中使用的 margin 值。表中包含 2 个字段：ftlid 和 margin。ftlid 是该表的主键，同时也是外键，引用 Fuzzytypedliterallist 表中的 ftlid 字段。

（15）Label 表。这个表存储了类型 2 模糊数据类型 Label 中涉及到的语言常量之间的相似关系。因为类型 2 模糊属性定义在离散域上，所以需要度量不同属性值之间的相似关系。相似关系的度量以表或 n 阶方阵的形式来构建，其中 $a_{ij} = a_{ji}$ 代表第 i 个和第 j 个属性值之间的相似度。这个表包含 3 个字段：ftlid1、ftlid2、degree，其中 ftlid1 和 ftlid2 字段是该表的主键，同时也是外键，引用 Fuzzytypedliterallist 表中的 ftlid 字段。ftlid1 描述了一对域值中的第一个值，ftlid2 描述第二个值，degree 描述了这对域值之间的相似度。

（16）Posdis 表。这个表存储了类型 2 模糊数据类型 Posdis 中的模糊属性值，包含 11 个字段，其中第 1 个字段 ftlid 表示具有 Posdis 数据类型的属性值的标识符，是表的主键，同时作为外键，引用 Fuzzytypedliterallist 表中的 ftlid 字段。因为 Posdis 数据类型是以可能性分布的形式来表示属性值，所以应根据实际的属性值来决定对其进行存储的参数个数，最少需要 2 个参数，当然，还可以使用 4 个、6 个或更多的参数。为不失一般性，本书给出 10 个字段用于对其进行存储，其中，f_1、f_2、f_3、f_4、f_5 字段分别表示属性值，f_d1、f_d2、f_d3、f_d4、f_d5 字段分别表示对应属性值的隶属度。

可以看出，图 6 - 1 所示的存储模式易于理解，是按照模糊 OWL 本体的资源类型及特点进行分类存储。例如，使用资源表 Resource 存储了模糊 OWL 本体中所有资源的标识符、URIref 和资源类型，在此基础上，按类、属性、实例分别进行存储。类的存储分别用类关系表 C_relation 以及用于复杂类存储的各构造子表来实现,包括:表 C_intersection、C_union、C_complement、C_oneof 和 C_disjoint。属性的存储则分别用属性关系表 P_relation、属性定义域表 P_dom、属性值域表 P_ran、属性特性表 P_char 以及属性限制表 P_con 来实现。

相对于类和属性的存储,实例的存储比较特殊,要区分实例的属性值是精确值还是模糊值分别进行存储。首先使用实例所属类表 I_of 来描述一个实例所属的类,然后对于属性值是精确值的实例存储在 I_triplevalue 表中,对于属性值是模糊值的实例存储在 Fuzzytrivalue 表中。同时根据实例模糊值的数据类型,需要进一步区分。首先使用 Fuzzytypedliterallist 表描述所有的模糊值(模糊类型文字),然后使用 Type1 表存储类型 1 模糊属性的属性值,Approx 表存储类型 1 模糊数据类型 Approx 中使用的 margin 值;对于类型 2 模糊属性的模糊值,则分别用 Label 表存储 Label 数据类型中的语言常量,Posdis 表存储 Posdis 数据类型中的属性值。

和经典 OWL 本体在关系数据库中常见的存储模式相比,本书提出的模糊 OWL 本体的存储模式不但能够实现对模糊 OWL 本体中模糊属性值的存储,而且结构稳定,不会因为模糊 OWL 本体属性的增加或删除而改变表的结构。同时,考虑到模糊 OWL 本体中的实例及其属性值会经常更新,实例的存储采用的是三元组形式,采用这种存储方式同样可以保持表结构的稳定性,即对实例的更新只需要修改表中的元组,而不需要修改表的模式。此外,图 6-1 所示的存储模式是按资源的类型及特性将模糊 OWL 本体的资源分别组织在单独的表中,这样可以减少查询时进行表连接的代价,提高对相应表查询的效率。所以该存储模式能够满足模糊 OWL 本体的存储要求。

6.2.1 模糊 OWL 本体结构的存储

下面以图 6-2 所示的模糊 OWL 本体为例,介绍模糊 OWL 本体在模糊关系数据库中的存储方法。

为简明起见,在图 6 - 2 所示的模糊 OWL 本体中,并没有将每个类的所有属性都表示出来,下面给出该模糊 OWL 本体的各个组成部分:

$C = \{$Onto_1x2, Department, Staff, Student, Course, AdminStaff, AcademicStaff$\}$

$OP = \{$ study _ in (Student, Department), choosecourse (Student, Course), work_in (Staff, Department), teach (AcademicStaff, Course) $\}$

$DP = \{$staffname, title, email, age, height, ability$\}$

$I = \{$staffid_11001, depid_0206, courid_309$\}$

$X = \{$subclassof (AdminStaff, Staff), subclassof (AcademicStaff, Staff)$\}$

如图 6 - 2 所示,该模糊 OWL 本体共包括 7 个类、10 个属性、3 个实例和两个公理等,其中 Onto_1x2 是根类,study_in、choosecourse、work_in、teach 是对象属性,staffname、title、email、age、height、ability 是数据类型属性,3 个实例为 staffid_11001、depid_0206、courid_309,它们分别是类 Staff、类 Department、类 Course 的实例,两个公理描述了类 AdminStaff、类 AcademicStaff 分别是类 Staff 的子类。

对于类 AcademicStaff 的实例 staffid_11001 而言,该实例共有 8 个属性,即 work _ in、teach、staffname、title、email、age、height 及 ability,其中属性 work_in 和 teach 是对象属性,其属性值为一个实例。由实例 staffid_11001 的属性值可知 John Smith 教授工作在 depid_0206 系,教的课程是 courid_309,正值中年(middle),身高大约为 180cm (这里用符号"&"表示大约的含义),邮箱(email) 为 $\{$JS @ yahoo. com/0. 8,JohnS @ msn. com/0. 9$\}$,工作能力很强(excellent)。

由上述分析可知,实例 staffid_11001 的 staffname 属性和 title 属性为经典属性,其余属性为模糊属性。其中,属性 age 和 height 为类型 1 模糊属性,属性 email 和 ability 为类型 2 模糊属性。这是

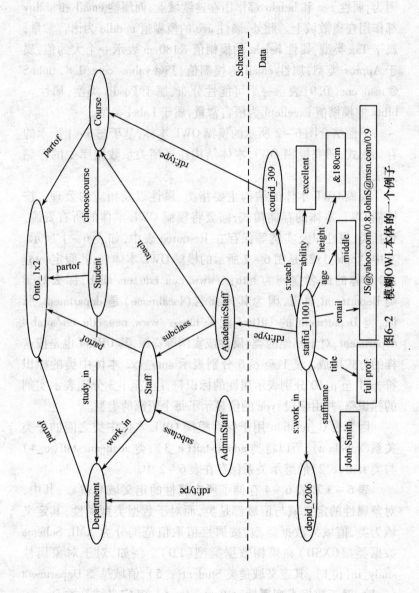

图6-2　模糊 OWL 本体的一个例子

因为,属性 age 和 height 都作用在连续域上,而属性 email 和 ability 都作用在离散域上。此外,属性 age 的模糊值 middle 为语言常量,属于 Tag 类型,属性 height 的模糊值 &180cm 表示一个大约值,属于 Approx 类型,属性 email 的模糊值｛JS@ yahoo. com/0. 8, JohnS @ msn. com/0. 9｝表示一个可能性分布,属于 Posdis 类型,属性 ability 的模糊值 excellent 为语言常量,属于 Label 类型。

下面结合图 6 – 2 所示的模糊 OWL 本体,基于图 6 – 1 所示的存储模式,研究模糊 OWL 本体结构在模糊关系数据库中的存储方法。

模糊 OWL 本体的结构主要指类、属性以及相应的公理。按模糊 OWL 本体的存储模式,需要将模糊 OWL 本体的所有资源,包括类、属性以及实例等保存在 Resource 表中,如表 6 – 1 所示。其中,“onto_1x2”是图 6 – 2 所示的模糊 OWL 本体名;若假定onto_ 1x2 本体的命名空间为 http://www. neu. edu. cn/ailab,那么对于类 Department 而言,因为其内部名(localname)是 department,所以,类 Department 的 URIref 就是 http://www. neu. edu. cn/ailab# department,对于其他的类、属性或实例等资源,其 URIref 也是按这样的方式构成。c_1 至 c_6 分别表示 onto_1x2 本体中类的标识符,p_1 至 p_10 分别表示属性的标识符,i_1 至 i_3 分别表示实例的标识符,并由字段 type 的值显示了每个资源的类型。

因为表 C_relation 用于保存模糊 OWL 本体中类之间的子类关系(subclass),所以将类 adminstaff(c_3)、类 academicstaff(c_4) 与类 staff(c_2)的继承关系保存在表 6 – 2 中。

表 6 – 3 和表 6 – 4 存储了所有属性的定义域与值域,其中,对象属性的定义域与值域都是类,而对于数据类型属性,其定义域为类,值域为数据类型,按属性值取值范围分为 XML Schema 数据类型(XSD)和模糊数据类型(FD)。例如,对于对象属性 study_in(p_1),其定义域是类 Student(c_5),值域是类 Department (c_1);对于数据类型属性 staffname(p_5),其定义域是类 Depart- ment(c_1),值域是 XML Schema 数据类型(XSD),而对于数据类

型属性 email(p_7),其定义域是类 AcademicStaff(c_4),值域是模糊数据类型(FD)。

表 6 - 1   Resource 表

ontology	rid	namespace	localname	type
onto_1x2	c_1	http://www. neu. edu. cn/ailab/	department	class
onto_1x2	c_2	http://www. neu. edu. cn/ailab/	staff	class
onto_1x2	c_3	http://www. neu. edu. cn/ailab/	adminstaff	class
onto_1x2	c_4	http://www. neu. edu. cn/ailab/	academicstaff	class
onto_1x2	c_5	http://www. neu. edu. cn/ailab/	student	class
onto_1x2	c_6	http://www. neu. edu. cn/ailab/	course	class
onto_1x2	p_1	http://www. neu. edu. cn/ailab/	study_in	property
onto_1x2	p_2	http://www. neu. edu. cn/ailab/	work_in	property
onto_1x2	p_3	http://www. neu. edu. cn/ailab/	teach	property
onto_1x2	p_4	http://www. neu. edu. cn/ailab/	choosecourse	property
onto_1x2	p_5	http://www. neu. edu. cn/ailab/	staffname	property
onto_1x2	p_6	http://www. neu. edu. cn/ailab/	title	property
onto_1x2	p_7	http://www. neu. edu. cn/ailab/	email	property
onto_1x2	p_8	http://www. neu. edu. cn/ailab/	age	property
onto_1x2	p_9	http://www. neu. edu. cn/ailab/	height	property
onto_1x2	p_10	http://www. neu. edu. cn/ailab/	ability	property
onto_1x2	i_1	http://www. neu. edu. cn/ailab/	staffid_11001	instance
onto_1x2	i_2	http://www. neu. edu. cn/ailab/	depid_0206	instance
onto_1x2	i_3	http://www. neu. edu. cn/ailab/	courid_309	instance

表 6 - 2   C_relation 表

cid1	cid2	relationship	μD
c_3	c_2	subclassof	1
c_4	c_2	subclassof	1

表 6 - 3　P_dom 表

pid	domain	pid	domain
p_1	c_5	p_6	c_4
p_2	c_2	p_7	c_4
p_3	c_4	p_8	c_4
p_4	c_5	p_9	c_4
p_5	c_4	p_10	c_4

图 6 - 2 所示的模糊 OWL 本体并没有给出属性的约束,为说明属性约束的存储方法,这里假定一个学生(student)或一个员工(Staff)属于且只能属于一个系(department),一个教师(Academic-Staff)一个学期最多允许上 3 门课程,一个学生(Student)在一个学期最少选修 2 门课程(course),最多选修 5 门课程(course)。这样就可以将属性 study_in(p_1)、work_in(p_2)、teach(p_3)、choose-course(p_4)的属性约束存储在表 6 - 5 中。如属性 study_in(p_1)和 work_in(p_2)的基数限制为 1,属性 teach(p_3)的最大基数限制为 3,属性 choosecourse(p_4)的最小、最大基数限制分别为 2 和 5。

表 6 - 4　P_ran 表

pid	range	pid	range
p_1	c_1	p_6	XSD
p_2	c_1	p_7	FD
p_3	c_6	p_8	FD
p_4	c_6	p_9	FD
p_5	XSD	p_10	FD

表 6 - 5　P_con 表

pid	constraint	pvalue
p_1	cardinality	1
p_2	cardinality	1
p_3	maxcardinality	3
p_4	mincardinality	2
p_4	maxcardinality	5

6.2.2　模糊 OWL 本体实例的存储

相对于类和属性的存储,实例的存储比较特殊。因为类是通过作用于它的属性来描述,所以类的实例是通过相应的属性值来描述,这样,就要区分属性值是精确值还是模糊值。如果一个类的属性值是精确值,那么将该值存储在 I_triplevalue 表中;如果一个类的属性值是模糊值,那么要根据模糊值的数据类型使用相应的存储方法。

对于图 6-2 所示模糊 OWL 本体,实例 staffid_11001(i_1)、depid_0206(i_2)、courid_309(i_3)分别是类 AcademicStaff(c_4)、Department(c_1)、Course(c_6)的实例,按模糊 OWL 存储模式,需要保存在表 I_of 中,如表 6-6 所示。

对于实例 staffid_11001(i_1),其对象属性 work_in(p_2)、teach(p_3)的值是一个实例,其数据类型属性 staffname(p_5)、title(p_6)的值是精确值,需要保存在表 I_triplevalue 中,如表 6-7所示。

表 6-6　I_of 表

iid	class	μD
i_1	c_4	1
i_2	c_1	1
i_3	c_6	1

表 6-7　I_triplevalue 表

iid	property	value
i_1	p_2	i_2
i_1	p_3	i_3
i_1	p_5	John Smith
i_1	p_6	full prof.

下面介绍模糊 OWL 本体中的模糊属性值在模糊关系数据库中的存储方法。为便于说明,在图 6-2 的基础上补充 Department

类的 4 个实例(实例标识符分别为 i_4,i_5,i_6 和 i_7),其三元组形式如下所示:

i_1:(staffid_11001, staffname, John Smith),(staffid_11001, title, full prof.),(staffid_11001, email, {JS@ yahoo. com/0. 8, JohnS@ msn. com/0. 9}),(staffid_11001, age, middle),(staffid_11001, height, &180),(staffid_11001, ability, excellent)

i_4:(staffid_11002, staffname, Yuri Starks),(staffid_11002, title, lecturer),(staffid_11002, email, yuri@ yahoo. com),(staffid_11002, age, young),(staffid_11002, height, high),(staffid_11002, ability, bad)

i_5:(staffid_11003, staffname, Ian Wright),(staffid_11003, title, lecturer),(staffid_11003, email, ianW@ msn. com),(staffid_11003, age, 36),(staffid_11003, height, 178cm),(staffid_11003, ability, good)

i_6:(staffid_11004, staffname, Arthur Ashe),(staffid_11004, title, associate prof.),(staffid_11004, email, arthur_ashe@ msn. com),(staffid_11004, age, *38 - 42),(staffid_11004, height, low),(staffid_11004, ability, fair)

i_7:(staffid_11005, staffname, Joho Daly),(staffid_11005, title, full prof.),(staffid_11005, email, johodaly@ yahoo. com),(staffid_11005, age, old),(staffid_11005, height, medium),(staffid_11005, ability, good)

其中,实例 i_6 的 age 属性值"*38 - 42"中的符号"*"表示区间值的含义,即表示年龄在 38 岁至 42 岁之间。下面给出在上述实例中涉及到的模糊属性值的函数表示,如:模糊值 *38 - 42(实例 i_6 的 age 属性值)、&180(实例 i_1 的 height 属性值)的函数表示分别如图 6 - 3、图 6 - 4 所示,模糊值 young(实例 i_4 的 age 属性值)、middle(实例 i_1 的 age 属性值)、old(实例 i_7 的 age 属性值)的函数表示如图 6 - 5 所示,模糊值 low(实例 i_6 的 height 属性值)、medium(实例 i_7 的 height 属性值)、high(实例 i_4 的

height 属性值)的函数表示如图 6 - 6 所示。

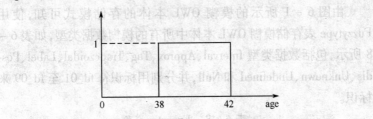

图 6 - 3　区间值*38 - 42 的函数表示

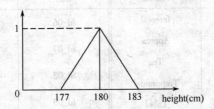

图 6 - 4　大约值 &180 的函数表示

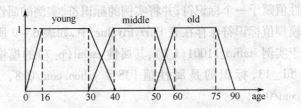

图 6 - 5　语言常量 young, middle, old 的函数表示

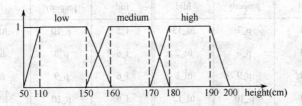

图 6 - 6　语言常量 low, medium, high 的函数表示

　　在上述实例中,没有考虑实例的对象属性的属性值,这是因为对象属性值是一个实例,故将此省略。下面以上述实例来说明不

同类型的模糊数据如何在模糊关系数据库中进行存储和管理。

由图 6 - 1 所示的模糊 OWL 本体的存储模式可知，使用 Fuzzytype 表存储模糊 OWL 本体中所有的模糊数据类型，如表 6 - 8 所示，包括数据类型 Interval、Approx、Tag、Trapezoidal、Label、Posdis、Unknown、Undefined 和 Null，并分别用标识符 fd_01 至 fd_09 来标识。

表 6 - 8　Fuzzytype 表

fdid	fdname	fdid	fdname
fd_01	Interval	fd_06	Posdis
fd_02	Approx	fd_07	Unknown
fd_03	Tag		
fd_04	Trapezoidal	fd_08	Undefined
fd_05	Label	fd_09	Null

为便于描述模糊 OWL 本体实例的模糊属性值，要为每个模糊属性值赋予一个标识符，并将实例的标识符、实例的属性以及属性的模糊值标识符保存在表 Fuzzytrivalue 中，如表 6 - 9 所示。例如对于实例 staffid_11001(i_1)，其属性 email(p_7)的模糊值标识符是 ftl_13，标识的是属性值 { JS @ yahoo. com/0. 8，JohnS @ msn. com/0. 9}。

表 6 - 9　Fuzzytrivalue 表

fiid	property	ftlid	fiid	property	ftlid
i_1	p_7	ftl_13	i_5	p_10	ftl_11
i_1	p_8	ftl_2	i_6	p_8	ftl_7
i_1	p_9	ftl_8	i_6	p_9	ftl_4
i_1	p_10	ftl_12	i_6	p_10	ftl_10
i_4	p_8	ftl_1	i_7	p_8	ftl_3
i_4	p_9	ftl_6	i_7	p_9	ftl_5
i_4	p_10	ftl_9	i_7	p_10	ftl_11

对于每个模糊属性值的标识符、属性值以及相应的数据类型需要存储到表 Fuzzytypedliterallist 中,如表6－10所示。例如对于属性值 young,其属性值标识符为 ftl_1,其数据类型为 Tag 类型(fd_03)。

表6－10　Fuzzytypedliterallist 表

ftlid	ftliteral	fdid
ftl_1	young	fd_03
ftl_2	middle	fd_03
ftl_3	old	fd_03
ftl_4	low	fd_03
ftl_5	medium	fd_03
ftl_6	high	fd_03
ftl_7	∗38－42	fd_01
ftl_8	&180	fd_02
ftl_9	bad	fd_05
ftl_10	fair	fd_05
ftl_11	good	fd_05
ftl_12	excellent	fd_05
ftl_13	JS@ yahoo. com/0. 8 , JohnS@ msn. com/0. 9	fd_06

表6－11存储了类型1模糊属性的属性值,包括 Interval 类型(如∗38－42(ftl_7))、Approx 类型(如 &180(ftl_8))和 Tag 类型(如 young(ftl_1)、middle(ftl_2)、old(ftl_3)、low(ftl_4)、medium(ftl_5)、high(ftl_6)),上述模糊值的函数表示分别如图6－3－6.6所示。按模糊值的函数表示,可以得到每个模糊值的梯形模糊数

表6－11　Type1 表

ftlid	alpha	beta	gamma	delta
ftl_1	0	16	30	40
ftl_2	30	40	50	60
ftl_3	50	60	75	90
ftl_4	50	110	150	160
ftl_5	150	160	170	180
ftl_6	170	180	190	200
ftl_7	38	38	42	42
ftl_8	177	180	180	183

形式。如模糊值 $*38-42(ftl\_7)$ 的梯形模糊数形式的 4 个参数分别为 38、38、42、42,模糊值 $\&180(ftl\_8)$ 的 4 个参数分别为 177、180、180、183,模糊值 young(ftl_1) 的 4 个参数分别为 0、16、30、40,模糊值 middle(ftl_2) 的 4 个参数分别为 30、40、50、60。同理,其它模糊值的梯形模糊数形式也可以从其函数表示中得到。

表 6-12 存储了属性 ability 的模糊值,即语言常量值 bad、fair、good、excellent。因为属性 ability 作用在离散域上,所以要给出属性值 bad、fair、good 及 excellent 之间的相似度。例如,属性值 bad(ftl_9) 和属性值 fair(ftl_10) 的相似度为 0.8。

表 6-12 Label 表

ftlid1	ftlid2	degree
ftl_9	ftl_10	0.8
ftl_9	ftl_11	0.5
ftl_9	ftl_12	0.1
ftl_10	ftl_11	0.7
ftl_10	ftl_12	0.5
ftl_11	ftl_12	0.8

表 6-13 存储了属性 height 的 Approx 数据类型值 $\&180(ftl\_8)$ 中 margin 常量的值,这里常量 margin 的值为 3。

表 6-13 Approx 表

ftlid	margin
ftl_8	3

表 6-14 对属性 email 的 Posdis 数据类型值｛JS@ yahoo. com/0.8, JohnS@ msn. com/0.9｝(ftl_13) 进行了存储。

表 6-14 Posdis 表

ftlid	f_1	f_d1	f_2	f_d2
ftl_13	JS@ yahoo. com	0.8	JohnS@ msn. com	0.9

f_3	f_d3	f_4	f_d4	f_5	f_d5
null	null	null	null	null	null

6.3　正确性证明

　　基于模糊关系数据库的模糊 OWL 本体的存储,其实质是实现一种模式到另一种模式的转换,因此要考虑模式转换的正确性。下面以信息容量为基础证明模糊 OWL 本体在模糊关系数据库中存储的正确性。

　　定理 6.1　利用图 6-1 所示的存储模式,模糊 OWL 本体 FO 在模糊关系数据库 FR 中的存储是保持信息容量的存储。

　　要证明模糊 OWL 本体在模糊关系数据库 FR 中的存储是保持信息容量的存储,也就是要证明模式 FO 到模式 FR 的转换是保持信息容量的转换。首先,按图 6-1 所示的存储模式中模糊 OWL 本体实例的存储方法,建立一个从 $I(FO)$ 到 $I(FR)$ 的关系 $f: I(FO) \rightarrow I(FR)$。设 $\Im \in I(FO)$ 是模式 FO 的一个实例,即模糊 OWL 本体的任意一个类的一组属性值,由 f 得到的 $f(\Im) \in I(FR)$ 是将模糊 OWL 本体的各个属性值以三元组的形式保存在表 I_triplevalue 或表 Fuzzytrivalue 中,其中 I_triplevalue 表中存储精确值,Fuzzytrivalue 表中存储模糊值。形式上 f 定义如下(以表 I_triplevalue 为例):

For $i = 1$ to m　　　　　　//m 个类

　　$c_i = \{p_i^1, p_i^2, \cdots, p_i^n\}$　　//每个类有 n 个属性

　　For $k = 1$ to s　　　　//每个类有 s 个实例

　　　　For $j = 1$ to n

　　　　$f(\Im)[\mathrm{iid}_i^k] \leftarrow \mathrm{id}_i^k$　　//id_i^k 是第 i 个类的第 k 个实例的标识符,将其存储在字段 iid_i^k 中

　　　　$f(\Im)[\mathrm{property}_i^j] \leftarrow p_i^j$//将模糊 OWL 本体属性 p_i^j 存储在字段 $\mathrm{property}_i^j$ 中

　　　　$f(\Im)[\mathrm{value}_i^j] \leftarrow \Im[p_i^j]$　//$\Im[p_i^j]$ 表示实例 $\Im$ 在属性列 p_i^j 上的分量,将其存储在字段 value_i^j 中

　　证明 f 是一个函数。由 f 的定义可知,模糊 OWL 本体的每个

实例的每个属性值在 I_triplevalue 表中都对应着一个元组,因为 I_triplevalue 表的主键能够保证 $f(\Im)$ 是模式 **FR** 的一个有效实例(即一个元组),所以 f 是一个从模式 **FO** 到模式 **FR** 的函数。

证明 f 是单射。设 $\Im_1 = (\Im_1[p_i^1], \Im_1[p_i^2], \cdots, \Im_1[p_i^n])$ 和 $\Im_2 = (\Im_2[p_i^1], \Im_2[p_i^2], \cdots, \Im_2[p_i^n])$ 是模糊 OWL 本体类 c_i 的两个不同实例,则至少存在一个 $j(j \in \{1, 2, \cdots, n\})$ 使得 $\Im_1[p_i^j] \neq \Im_2[p_i^j]$。由 f 的定义,表中存有元组 $f(\Im_1) = (f(\Im_1)[\text{iid}_i^1], f(\Im_1)[\text{property}_i^j], f(\Im_1)[\text{value}_i^j])$ 和 $f(\Im_2) = (f(\Im_2)[\text{iid}_i^2], f(\Im_2)[\text{property}_i^j], f(\Im_2)[\text{value}_i^j])$,其中 $j = 1, 2, \cdots, n$。由至少存在一个 $j(j \in \{1, 2, \cdots, n\})$ 使得 $\Im_1[p_i^j] \neq \Im_2[p_i^j]$,可得至少存在一个 $j(j \in \{1, 2, \cdots, n\})$ 使得 $f(\Im_1)[\text{value}_i^j] \neq f(\Im_2)[\text{value}_i^j]$,所以 $f(\Im_1) \neq f(\Im_2)$。所以 f 是单射。

上面 f 的定义是以表 I_triplevalue 为例,对于含有模糊值的实例在表 Fuzzytrivalue 中的存储,其证明可用类似方法得到,在此不再赘述。

综上所述,$f: I(FO) \rightarrow I(FR)$ 是一个从模糊 OWL 本体 **FO** 到模糊关系数据库 **FR** 的单射函数,所以,从模糊 OWL 本体到模糊关系数据的转换是一个保持信息容量的转换,即模糊 OWL 本体在模糊关系数据库中的存储是保持信息容量的存储。

此外,映射 f 不是一个从模糊 OWL 本体到模糊关系数据库的满射,这是因为,对于模糊关系数据库中表 I_triplevalue 的任一实例,它只是一个 f – RDF 三元组,而不是模糊 OWL 本体的一个实例,意即不能通过该映射的逆映射从像实例恢复出唯一的源像实例,所以映射 f 是一个从模糊 OWL 本体到模糊关系数据库的保持信息容量的映射,而不是一个保持等价性的映射。一般情况下,两个模式的转换若能够保持信息容量,就认为是正确的模式转换。

需要指出的是,模糊 OWL 本体在模糊关系数据库的存储是保持信息容量的存储,这种信息容量的保持涵盖的是模糊 OWL 本体的结构和所有实例,并不完全包括语义层面。事实上,模糊

OWL 本体在模糊关系数据库中的存储存在部分语义丢失的问题，这是因为模糊 OWL 本体的语义表达能力要比模糊关系数据库强，造成模糊 OWL 本体中的某些公理存储在模糊关系数据库中以后，不能直接用于推理。如类公理中的子类关系、等价关系以及属性公理中的子属性关系、等价属性关系，虽然可以按图 6-1 所示的存储模式保存起来，但已经不具备推理能力。

尽管模糊 OWL 本体在模糊关系数据库中存储存在部分语义丢失问题，但是模糊 OWL 本体可以利用模糊关系数据库在模糊数据存储和管理等方面的优势，对语义 Web 上的模糊信息进行更好地管理。目前，对于模糊 OWL 本体海量数据的存储和管理，利用模糊关系数据库是一种较好的选择。

6.4 本章小结

模糊 OWL 本体合理、有效的存储是保证模糊 OWL 本体共享利用的前提，模糊关系数据库在模糊数据操纵和管理方面具有其它数据模型无法比拟的优势，鉴于此，本章提出利用模糊关系数据库来存储模糊 OWL 本体。首先介绍引入模糊关系数据库来存储模糊 OWL 本体的原因。其次，通过分析现有本体的存储方法，给出模糊 OWL 本体的存储模式，该存储模式能够满足模糊 OWL 本体的存储要求。在此基础上，结合一个模糊 OWL 本体例子，进一步说明了模糊 OWL 本体结构和不同类型的模糊数据的具体存储方法，实现了模糊 OWL 本体在模糊关系数据库中的合理、有效的存储。最后，证明了基于模糊关系数据库的模糊 OWL 本体存储方法的正确性。

第7章 总结与展望

总结全文,本书针对现有 OWL 本体无法对不精确和不确定信息进行表示与处理的不足,基于 RDF 数据类型机制,给出了一种模糊数据类型的表示方法,进而,提出 f – RDF(S) 和 f – OWL。f – RDF(S) 和 f – OWL 奠定了描述模糊 OWL 本体的语言基础,在此基础上,通过引入模糊数据库模型,提出了模糊数据库模型支持的模糊 OWL 本体管理中的构建与存储方法,实现了模糊 OWL 本体从表示到构建、存储的一个完整理论框架。

语义 Web 中关于本体及其描述语言的研讨仍在如火如荼地进行中,如 W3C 于 2009 年 10 月发布了 OWL 2,这正反映着语义 Web 自身对于本体的商榷。同时,模糊 OWL 本体是一个比较新的研究课题,国内外对它的研究还处于起步阶段,还有很多相关问题需要进一步地研究和探讨。依托本书提出的模糊 OWL 本体,同时结合文献中相关问题的研究内容和方法,将对模糊 OWL 本体技术进行更深层次的研究。

今后将以本书的工作为基础,在以下几方面开展进一步的研究工作:

1)理论研究方面的工作:

(1)在描述语言研究方面,进一步丰富语义 Web 数据层和本体层语言的理论体系,将模糊理论更多的研究成果引入到 RDF(S) 和 OWL 中,丰富其概念、关系、个体和公理的描述。

(2)基于本书扩展的 f – RDF(S) 和 f – OWL 语言,深入研究利用其它数据源的模糊 OWL 本体的构建技术,如开展以模糊 UML 模型或模糊 XML 模型为数据源的模糊 OWL 本体构建方法的相关研究。

(3)将多种存储方法引入到模糊 OWL 本体存储的研究中,充分利用各种存储方法的优势融合。如在模糊关系数据库的基础上,结合 XML 数据库的优势,使模糊 OWL 本体存储技术不断走向成熟。

2) 应用研究方面的工作:

(1)OWL 与模糊逻辑的结合还处在理论研究与验证阶段,除了需要完善、验证该扩展,还需要开发合适的工具与插件,使其可以处理能够表示模糊知识的 OWL 本体文件。

(2)进行支持模糊数据表示的模糊 OWL 本体的应用研究,如基于 Web 的多媒体信息检索、生物信息建模等,这些应用领域的一个显著特点是数据与知识相对密集,含有大量的不精确和不确定信息。

(3)将研究和促进 f－RDF 语言和 f－OWL 语言在领域本体中的实际应用,并争取推荐给相关的组织(如 W3C Web Ontology Working Group) ,供其在制定标准时作为参考。

参 考 文 献

[1] Berners-Lee T. Semantic Web Road Map, 1998. http://www.w3.org/DesignIssues/Semantic.html.

[2] Berners-Lee T. Semantic Web - XML 2000. http://www.w3.org/2000/Talks/1206-xml2k-tbl/slide10 – 0.html.

[3] Berners-Lee T, Hendler J, Lassila O. The Semantic Web [J]. The Scientific American, 2001, 284(5): 34 – 43.

[4] Berners-Lee T, Hendler J. Publishing on the Semantic Web - the Coming Internet Revolution will Profoundly Affect Scientific Information [J]. NATURE, 2001, 410(6832): 1023 – 1024.

[5] Antoniou G, Harmelen van F. A Semantic Web Primer [M]. Massachusetts: The MIT Press, 2004.
[(陈小平,等. 语义网基础教程 [M]. 北京:机械工业出版社, 2008.)

[6] Shadbolt N, Berners-Lee T, Hall W. The Semantic Web Revisited [J]. IEEE Intelligent Systems, 2006, 21(3): 96 – 101.

[7] Liu S, Mei J, Yue A, et al. XSDL: Making XML Semantics Explicit [C]. In Proceedings of the 2nd International Workshop on Semantic Web and Databases (SWDB), 2004, 64 – 83.

[8] 刘升平, 林作铨, 梅婧,等. 一种 XML 的模型论语义 [J]. 软件学报, 2006, 17(5): 1089 – 1097.

[9] Klyne G, Carroll J J. Resource Description Framework (RDF): Concepts and Abstract Syntax. http://www.w3.org/TR/2004/REC-rdf-concepts – 20040210/.

[10] Hayes P. RDF Semantics. http://www.w3.org/TR/2004/REC-rdf-mt – 20040210/.

[11] Hayes P. RDF Model Theory. http://www.w3.org/TR/2001/WD-rdf-mt –

20010925/.

[12] Brickley D, Guha R V. RDF Vocabulary Description Language 1.0: RDF Schema. http://www.w3.org/TR/2004/REC-rdf-schema-20040210/.

[13] Baader F, Calvanese D, McGuinness D, et al. The Description Logic Handbook: Theory, Implementation and Applications [M]. Cambridge: Cambridge University Press, 2003.

[14] Studer R, Benjamins V R, Fensel D. Knowledge Engineering: Principles and Methods [J]. Data & Knowledge Engineering, 1998, 25 (1-2): 161-197.

[15] 史忠植,董明楷,蒋运承,等. 语义网的逻辑基础 [J]. 中国科学 E 辑, 2004, 34(10): 1123-1138.

[16] Bechhofer S, Harmelen van F, Hendler J, et al. OWL Web Ontology Language Reference. http://www.w3.org/TR/owl-ref/.

[17] 梅婧,刘升平,林作铨. 语义 Web 的逻辑基础 [J]. 模式识别与人工智能, 2005, 18(5): 513-521.

[18] Staab S, Maedche A. Ontology Learning for the Semantic Web [J]. IEEE Intelligent Systems, 2001, 16(2): 72-79.

[19] Quan T T, Hui S C, Fong A C M, et al. Automatic Generation of Ontology for Scholarly Semantic Web [C]. In Proceedings of the 3rd International Semantic Web Conference, 2004, 726-740.

[20] Terzi E, Vakali A, Hacid M-S. Knowledge Representation, Ontologies, and the Semantic Web [C]. In Proceedings of APWeb 2003, 2003, 382-387.

[21] Sanchez E, Yamanoi T. Fuzzy Ontologies for the Semantic Web [C]. In Proceedings of the 7th International Conference on Flexible Query Answering Systems 2006, 691-699.

[22] Ma Z M. Soft Computing in Ontologies and Semantic Web [M]. Berlin: Springer-Verlag, 2006.

[23] Quan T T, Hui S C, Fong A C M, et al. Automatic Fuzzy Ontology Generation for Semantic Web [J]. IEEE Transaction on Knowledge and Data Engineering, 2006, 18(6): 842-856.

[24] Zadeh L A. Fuzzy Sets [J]. Information and Control, 1965, 8(3): 338 – 353.

[25] Zadeh L A. Fuzzy Sets as a Basis for a Theory of Possibility [J]. Fuzzy Sets and Systems, 1978, 1(1): 3 – 28.

[26] 瞿裕忠, 胡伟, 郑东栋, 等. 关系数据库模式和本体间映射的研究综述 [J]. 计算机研究与发展, 2008, 45(2): 300 – 309.

[27] 张晓明, 胡长军, 李华昱, 等. 从关系数据库到本体映射研究综述 [J]. 小型微型计算机系统, 2009, 30(7): 1366 – 1375.

[28] 杜小勇, 李曼, 王珊. 本体学习研究综述 [J]. 软件学报, 2006, 17(9): 1837 – 1847.

[29] Astrova I, Kalja A. Towards the Semantic Web: Extracting OWL Ontologies from SQL Relational Schemata [C]. In Proceedings of IADIS International Conference WWW/Internet, 2006, 62 – 66.

[30] Astrova I, Korda N, Kalja A. Rule-based Transformation of SQL Relational Databases to OWL Ontologies [C]. In Proceedings of the 2nd International Conference on Metadata and Semantics Research, 2007.

[31] Astrova I. Reverse Engineering of Relational Databases to Ontologies [C]. In Proceedings of the 1st European Semantic Web Symposium (ESWS), 2004, 327 – 341.

[32] 许卓明, 王琦. 一种从关系数据库学习 OWL 本体的方法 [J]. 河海大学学报, 2006, 34(2): 208 – 211.

[33] 余霞, 刘强, 叶丹. 基于规则的关系数据库到本体的转换方法 [J]. 计算机应用研究, 2008, 25(3): 767 – 770.

[34] 陈和平, 何璐, 陈彬, 等. 基于关系数据库的本体生成器设计与实现 [J]. 计算机工程, 2009, 35(5): 34 – 36.

[35] 曹泽文, 张维明, 邓苏, 等. 一种从关系数据库向 Flogic 本体转换的方法 [J]. 计算机科学, 2007, 34(4): 149 – 153.

[36] Stojanovic L, Stojanovic N, Volz R. Migrating Data-Intensive Web Sites into the Semantic Web [C]. In Proceedings of the 17th ACM Symposium on Applied Computing, 2002, 1100 – 1107.

[37] Lubyte L, Tessaris S. Extracting Ontologies from Relational Databases

[C]. In Proceedings of the 2007 International Workshop on Description Logics 2007, 387 – 397.

[38] Cullot N, Ghawi R, Yéongnon K. DB2OWL: A Tool for Automatic Database-to-Ontology Mapping [C]. In Proceedings of the 15th Italian Symposium on Advanced Database Systems, 2007, 491 – 494.

[39] Li M, Du X, Wang S. A Semi-Automatic Ontology Acquisition Method for the Semantic Web [C]. In Proceedings of the 6th International Conference on Advances in Web-Age Information Management 2005, 209 – 220.

[40] Li M, Du X, Wang S. Learning Ontology from Relational Database [C]. In Proceedings of the 4th International Conference on Machine Learning and Cybernetics, 2005, 3410 – 3415.

[41] 许卓明, 董逸生, 陆阳. 从 ER 模式到 OWL DL 本体的语义保持的翻译 [J]. 计算机学报, 2006, 29(10): 1786 – 1796.

[42] Xu Z, Cao X, Dong Y, et al. Formal Approach and Automated Tool for Translating ER Schemata into OWL Ontologies [C]. In Proceedings of Advances in Knowledge Discovery and Data Mining 2004, 464 – 476.

[43] Upadhyaya S R, Kumar P S. Eronto: A tool for Extracting Ontologies from Extended E/R Diagrams [C]. In Proceedings of the 2005 ACM Symposium on Applied Computing, 2005, 666 – 670.

[44] An Y, Borgida A, Mylopoulos J. Discovering the Semantics of Relational Tables through Mappings [J]. Journal on Data Semantics, 2006, 7: 1 – 32.

[45] An Y, Mylopoulos J, Borgida A. Building Semantic Mappings from Databases to Ontologies [C]. In Proceedings of the 21st National Conference on Artificial Intelligence (AAAI – 06), 2006, 1557 – 1560.

[46] Xu Z, Zhang S, Dong Y. Mapping between Relational Database Schema and OWL Ontology for Deep Annotation [C]. In Proceedings of the 2006 IEEE/WIC/ACM International Conference on Web Intelligence, 2006, 548 – 552.

[47] Habegger B. Mapping a Database into an Ontology: An Interactive Relational Learning Approach [C]. In Proceedings of the 23rd International Con-

ference on Data Engineering, 2007, 1443 – 1447.

[48] Hu W, Qu Y. Discovering Simple Mappings between Relational Database Schemas and Ontologies [C]. In Proceedings of the 6th International Semantic Web Conference and the 2nd Asian Semantic Web Conference, 2007, 225 – 238.

[49] Anuradha G, Cindy X C, Kajal T C, et al. From Ontology to Relational Databases [C]. In Proceedings of ER Workshops 2004, 278 – 289.

[50] Vysniauskas E, Nemuraite L. Transforming Ontology Representation from OWL to Relational Database [J]. Information Technology and Control, 2006, 35(3): 333 – 343.

[51] Astrova I, Korda N, Kalja A. Storing OWL Ontologies in SQL Relational Databases [C]. In Proceedings of World Academy of Science Engineering and Technology, 2007, 167 – 172.

[52] 许卓明, 黄永菁. 从 OWL 本体到关系数据库模式的转换 [J]. 河海大学学报, 2006, 34(1), 95 – 99.

[53] Zhou J, Ma L, Liu Q, et al. Minerva: A Scalable OWL Ontology Storage and Inference System [C]. In Proceedingis of the ASWC 2006, 2006, 429 – 443.

[54] 李曼, 王琰, 赵益宇, 等. 基于关系数据库的大规模本体的存储模式研究 [J]. 华中科技大学学报(自然科学版), 2005, 33(12): 217 – 220.

[55] Raju K V S V N, Majumdar A K. Fuzzy Functional Dependencies and Lossless Join Decomposition of Fuzzy Relational Database Systems [J]. ACM Transactions on Database Systems, 1988, 13(2): 129 – 166.

[56] Medina J M, Pons O, Vila M A. GEFRED: A Generalized Model of Fuzzy Relational Database [J]. Information Sciences, 1994, 76(1 – 2), 87 – 109.

[57] Medina J M, Vila M A, Cubero J C, et al. Towards the Implementation of a Generalized Fuzzy Relational Database Model [J]. Fuzzy Sets and Systems, 1995, 75: 273 – 289.

[58] Buckles B P, Petry F E. A Fuzzy Representation of Data for Relational Databases [J]. Fuzzy Sets and Systems, 1982, 7(3): 213 – 226.

[59] Shenoi S, Melton A. Proximity Relations in the Fuzzy Relational Databases [J]. Fuzzy Sets and Systems, 1989, 31 (3): 285 – 296.

[60] Prade H, Testemale C. Generalizing Database Relational Algebra for the Treatment of Incomplete or Uncertain Information and Vague Queries [J]. Information Sciences, 1984, 34: 115 – 143.

[61] Ma Z M, Yan L. A literature Overview of Fuzzy Database Models [J]. Journal of Information Science and Engineering, 2008, 24(1), 189 – 202.

[62] Chen S M, Jong W T. Fuzzy Query Translation for Relational Database Systems [J]. IEEE Transactions on Systems, Man and Cybernetics-Part B: Cybernetics, 1997, 27 (4): 714 – 721.

[63] Chen G Q, Kerre E E, Vandenbulcke J. The Dependency-Preserving Decomposition and a Testing Algorithm in a Fuzzy Relational Data Model [J]. Fuzzy Sets and Systems, 1995, 72 (1): 27 – 37.

[64] Saxena P C, Tyagi B K. Fuzzy Functional Dependencies and Independencies in Extended Fuzzy Relational Database Models [J]. Fuzzy Sets and Systems, 1995, 69 (1): 65 – 89.

[65] Bhuniya B, Niyogi P. Lossless Join Property in Fuzzy Relational Databases [J]. Data and Knowledge Engineering, 1993, 11 (2): 109 – 124.

[66] Chen G Q, Kerre E E, Vandenbulcke J. Normalization Based on Functional Dependency in a Fuzzy Relational Data Model [J]. Information Systems, 1996, 21 (3): 299 – 310.

[67] Bahar O, Yazici A. Normalization and Lossless Join Decomposition of Similarity-Based Fuzzy Relational Databases [J]. International Journal of Intelligent Systems, 2004, 19 (10): 885 – 917.

[68] Jyothi S, Babu M S. Multivalued Dependencies in Fuzzy Relational Databases and Lossless Join Decomposition [J]. Fuzzy Sets and Systems, 1997, 88: 315 – 332.

[69] Ma Z M, Zhang W J, Ma W Y, et al. Data Dependencies in Extended Possibility-Based Fuzzy Relational Databases [J]. International Journal of Intelligent Systems, 2002, 17 (3): 321 – 332.

[70] Zvieli A, Chen P P. Entity-Relationship Modeling and Fuzzy Databases

[C]. In Proceedings of the 1986 IEEE International Conference on Data Engineering, 1986, 320 – 327.

[71] Ruspini E. Imprecision and Uncertainty in the Entity-Relationship Model, Fuzzy Logic in Knowledge Engineering [M]. Verlag TUV Rheinland, 1986.

[72] Vandenberghe R M, Caluwe de R M. An Entity-Relationship Approach to Modeling of Vagueness in Databases [C]. LNCS 548, 1991, 338 – 343.

[73] Vert G, Morris A, Stock M, et al. Extending Entity-Relationship Modeling Notation to Manage Fuzzy Datasets [C]. In Proceedings of the 8th International Conference on Information Processing and Management of Uncertainty in Knowledge-Based Systems, 2000, 1131 – 1138.

[74] Chen G Q, Kerre E E. Extending ER/EER Concepts towards Fuzzy Conceptual Data Modeling [C]. In Proceedings of the 1998 IEEE International Conference on Fuzzy Systems, 1998, 2: 1320 – 1325.

[75] Galindo J, Urrutia A, Carrasco R A, et al. Relaxing Constraints in Enhanced Entity-Relationship Models Using Fuzzy Quantifiers [J]. IEEE Transactions on Fuzzy Systems, 2004, 12 (6): 780 – 796.

[76] 何新贵. 模糊知识处理理论与技术(第二版) [M]. 北京: 国防工业出版社, 1999.

[77] 何新贵. 模糊关系型数据库的数据模型[J]. 计算机学报, 1989, 12 (2): 120 – 126.

[78] 何新贵. 属性模糊的模糊关系数据库 [J]. 计算机工程与设计, 1990, 11(1): 18 – 21.

[79] Semantic Web Best Practices and Deployment Working Group. http://www.w3.org/2001/sw/BestPractices/.

[80] Mazzieri M, Dragoni A F. A Fuzzy Semantics for Semantic Web Languages [C]. In Proceedings of the 4th ISWC2005 Workshop on Uncertainty Reasoning for the Semantic Web, 2005, 12 – 22.

[81] Mazzieri M. A Fuzzy RDF Semantics to Represent Trust Metadata [C]. In Proceedings of the 1st Italian Semantic Web Workshop: Semantic Web Applications and Perspectives, 2004.

[82] Vaneková V, Bella J, Gurský P, et al. Fuzzy RDF in the Semantic Web: Deduction and Induction [C]. In Proceedings of the 6th Workshop on Data Analysis, 2005, 16 - 29.

[83] 高明霞, 刘椿年. 扩展 OWL 处理模糊知识 [J]. 北京工业大学学报, 2006, 32(7): 653 - 660.

[84] Gao M, Liu C. Extending OWL by Fuzzy Description Logic [C]. In Proceedgings of the 17th IEEE International Conference on Tools with Artificial Intelligence, 2005.

[85] 赵德新, 冯志勇. 基于本体语言 OWL 的模糊扩展 [J]. 计算机科学, 2008, 35(8): 170 - 175.

[86] 李明泉, 冯志勇. F - SHIQ 公理体系及其 OWL 扩展 [J]. 计算机工程与应用, 2008, 44(30): 1 - 5.

[87] Stoilos G, Stamou G, Tzouvaras V, et al. Fuzzy OWL: Uncertainty and the Semantic Web [C]. In Proceedings of the 1st 2005 International Workshop on OWL: Experience and Directions, 2005: 80 - 89.

[88] Stoilos G, Stamou G, Pan J Z. Handling Imprecise Knowledge with Fuzzy Description Logic [C]. In Proceedings of the 2006 International Workshop on Description Logics, 2006.

[89] Calegari S, Ciucci D. Fuzzy Ontology and Fuzzy-OWL in the KAON Project [C]. In Proceeding of the IEEE International Conference on Fuzzy Systems, 2007, 1 - 6.

[90] Calegari S, Ciucci D. Fuzzy Ontology, Fuzzy Description Logics and Fuzzy-OWL [C]. In Proceedings of the 7th International Workshop on Fuzzy Logic and Applications, 2007, 118 - 126.

[91] Lam T H W. Fuzzy Ontology Map-A Fuzzy Extension of the Hard-Constraint Ontology [C]. In Proceedings of the 5th IEEE/WIC/ACM International Conference on Web Intelligence, 2006: 506 - 509.

[92] Gu H, Lv H, Gao J, et al. Towards a General Fuzzy Ontology and its Construction [C]. In Proceedings of the International Conference on Intelligent Systems and Knowledge Engineering (ISKE 2007), 2007.

[93] Quan T, Hui S, Cao, T. FOGA: A Fuzzy Ontology Generation Framework

for Scholarly Semantic Web [C]. In Proceedings of the 2004 Knowledge Discovery and Ontologies (KDO 2004), 2004, 37 – 48.

[94] Lee C, Jian Z, Huang L. Fuzzy Ontology and Its Application to News Summarization [J]. IEEE Transactions on Systems, Man, and Cybernetics-Part B: Cybernetics, 2005, 35(5): 859 – 880.

[95] Lee C, Chen Y, Jian Z. Ontology-Based Fuzzy Event Extraction Agent for Chinese e-News Summarization [J]. Expert Systems with Applications, 2003, 25: 431 – 447.

[96] Abulaish M, Dey L. A Fuzzy Ontology Generation Framework for Handling Uncertainties and Non-Uniformity in Domain Knowledge Description [C]. In Proceedings of the International Conference on Computing: Theory and Applications, 2007, 287 – 293.

[97] Abulaish M, Dey L. Interoperability among Distributed Overlapping Ontologies- A Fuzzy Ontology Framework [C]. In Proceedgins of the IEEE/WIC/ACM International Conference on Web Intelligence, 2006, 397 – 403.

[98] Sanchez E. Fuzzy Logic and the Semantic Web [M]. Elsevier, 2006.

[99] Barranco C D, Campana J R, Medina J M, et al. On Storing Ontologies including Fuzzy Datatypes in Relational Databases [C]. In Proceedings of the 16th IEEE International Conference on Fuzzy Systems, 2007, 1 – 6.

[100] Pan J Z. A Flexible Ontology Reasoning Architecture for the Semantic Web [J]. IEEE Transaction on Knowledge and Data Engineering, 2007, 19 (2): 246 – 260.

[101] Gruber T. Towards Principles for the Design of Ontologies used for Knowledge Sharing [J]. International Journal Human Computer Study, 1995, 43(5 – 6): 2 – 28.

[102] Manola F. RDF Primer. http://www. w3. org/TR/2004/REC-rdf-primer – 20040210/.

[103] Heflin J, Hendler J, Luke S. SHOE: A Knowledge Representation Language for Internet Application [R]. Technical Report CS-TR – 4078, University of Maryland, Department of Computer Science, 1999.

[104] Hendler J, Deborah L. McGuinness. The DARPA Agent Markup Lan-

guage [J]. IEEE Intelligent Systems, 2000, 15(6): 67 – 73.

[105] Fensel D, Harmelen F V, Horrocks I, et al. OIL: An Ontology Infrastructure for the Semantic Web [J]. IEEE Intelligent Systems and Their Applications, 2001, 16(2): 38 – 45.

[106] Horrocks I. DAML + OIL: A Description Logic for the Semantic Web [J]. IEEE Data Engineering Bulletin, 2002, 25(1): 4 – 9.

[107] Horrocks I, Patel-Schneider P F, Harmelen F V. From SHIQ and RDF to OWL: The Making of a Web Ontology Language [J]. Journal of Web Semantics, 2003, 1(1): 7 – 26.

[108] Horrocks I, Patel-Schneider P F. Reducing OWL Entailment to Description Logic Satisfiability [C]. In Proceedings of the 2nd International Semantic Web Conference (ISWC2003), 2003, 17 – 29.

[109] Baader F, Horrocks I, Sattler U. Description Logics as Ontology Languages for the Semantic Web [J]. Lecture Notes in Computer Science, 2005, 2605: 228 – 248.

[110] Horrocks I, Sattler U. A Tableau Decision Procedure for SHOIQ [J]. Journal of Automated Reasoning, 2007, 39(3): 245 – 429.

[111] Bosc P, Prade H. An Introduction to Fuzzy Set and Possibility Theory Based Approaches to the Treatment of Uncertainty and Imprecision in Database Management Systems [C]. In Proceedings of the 2nd Workshop on Uncertainty Management in Information Systems: From Needs to Solutions, 1993.

[112] Motor A, Smets P. Uncertainty Management in Information Systems: From Needs to Solutions [M]. Kluwer Academic Publishers, 1997.

[113] DeMichiel L G. Resolving Database Incompatibility: An Approach to Performing Relational Operations over Mismatched Domains [J]. IEEE Transactions on Knowledge and Data Engineering, 1989, 1 (4): 485 – 493.

[114] Smets P. Imperfect Information: Imprecision-Uncertainty, Uncertainty Management in Information Systems: From Needs to Solutions [M]. Kluwer Academic Publishers, 225 – 254, 1997.

[115] Parsons S. Current Approaches to Handling Imperfect Information in Data and Knowledge Bases [J]. IEEE Transactions on Knowledge and Data Engineering, 1996, 8 (2): 353-372.

[116] Ma Z M, Yan L. Fuzzy XML Data Modeling with the UML and Relational Data Models [J]. Data & Knowledge Engineering, 2007, 63 (3): 970-994.

[117] Beckett, D. RDF/XML Syntax Specification (Revised), http://www. w3. org/TR/2004/REC-rdf-syntax-grammar-20040210/.

[118] Ma Z M. Fuzzy Database Modeling of Imprecise and Uncertain Engineering Information [M]. Berlin: Springer, 2006.

[119] Rector A, Welty C. Simple Part-Whole Relations in OWL Ontologies. http://www. w3. org/2001/sw/BestPractices/OEP/SimplePartWhole/index. html.

[120] Qian X. Correct Schema Transformations [C]. In Proceedings of EDBT 1996, 114-128.

[121] Miller R J, Ioannidis Y E, Ramakrishnan R. The Use of Information Capacity in Schema Integration and Translation [C]. In Proceedings of the 19th VLDB Conference, 1993, 120-133.

[122] Udrea O, Getoor L, Miller R J. Leveraging Data and Structure in Ontology Integration [C]. In Proceedings of the 27th ACM SIGMOD International Conference on Management of Data, 2007, 449-460.

[123] Ehrig M, Sure Y. FOAM - Framework for Ontology Alignment and Mapping Results of the Ontology Alignment Evaluation Initiative [C]. In Proceedings of the K-Cap Workshop on Integrating Ontologies, 2005, 72-76.

[124] Galindo J, Urrutia A, Piattini M. Representation of Fuzzy Knowledge in Relational Databases [C]. In Proceedings of the 15th International Workshop on Database and Expert Systems Applications, 2004, 917-921.

[125] Mfourga N. Extracting Entity - Relationship Schemas from Relational Databases: A Form - Driven Approach [C]. In Proceedings of the 4th Working Conference on Reverse Engineering. 1997, 184-193.

[126] Chiang R H L, Barron T M, Storey V C. Reverse Engineering of Relational Databases: Extraction of an EER Model from a Relational Database [J]. Journal of Data and Knowledge Engineering, 1994, 12（2）: 107－142.

[127] Andersson M. Extracting an Entity Relationship Schema from a Relational Database through Reverse Engineering [C]. In Proceedings of the 13rd International Conference of the Entity-Relationship Approach. 1994, 403－419.

[128] Hull R. Relative Information Capacity of Simple Relational Database Schemata [J]. SIAM Journal of Computing, 1986, 15(3): 856－886.

[129] Miller R J, Ioannidis Y E, Ramakrishnan R. Schema Equivalence in Heterogeneous Systems: Bridging Theory and Practice [J]. Information Systems, 1994, 19(1), 3－31.

[130] OWL 2 Web Ontology Language Document Overview. http://www.w3.org/TR/owl2-overview/.

内 容 简 介

如何有效表示和处理大量的模糊知识以实现对模糊本体的管理,是当前模糊语义 Web 研究的热点之一。本书主要从 RDF(S) 和 OWL 的模糊扩展、基于模糊 EER 模型的模糊 OWL 本体的构建、基于模糊关系数据库的模糊 OWL 本体的构建以及模糊 OWL 本体的数据库存储等方面,研究了数据库支持的模糊 OWL 本体管理中的关键技术。

本书内容可作为高等学校和研究院所计算机及相关专业科研人员的参考文献,同时也可供从事该领域相关研究的硕士、博士研究生学习和参考。